U0156786

—— 作者 ——

劳伦斯·M. 普林西比

美国约翰斯·霍普金斯大学科学技术史系和化学系教授。主要研究早期化学史、炼金术史。由于对科学史研究的卓越贡献，被授予培根奖章。另著有《火中试验炼金术：斯塔基、波义耳以及海尔蒙特派化学家的命运》（2002，与W. R.纽曼合著）、《雄心勃勃的炼金术士：罗伯特·波义耳和他的炼金术探索》（1998）。

[美国] 劳伦斯 · M. 普林西比 著　张卜天 译

科学革命

牛津通识读本 ·

The Scientific Revolution

A Very Short Introduction

译林出版社

图书在版编目（CIP）数据

科学革命 / （美）劳伦斯·M. 普林西比（Lawrence M. Principe）著；张卜天译 .
—南京：译林出版社，2023.1
（牛津通识读本）
书名原文：The Scientific Revolution: A Very Short Introduction
ISBN 978-7-5447-9415-2

Ⅰ.①科… Ⅱ.①劳… ②张… Ⅲ.①自然科学史－世界 Ⅳ.① N091

中国版本图书馆 CIP 数据核字（2022）第 195034 号

科学革命 ［美国］劳伦斯·M.普林西比 / 著 张卜天 / 译

责任编辑 陈 锐
装帧设计 韦 枫
校 对 梅 娟
责任印制 董 虎

原文出版 Oxford University Press, 2011
出版发行 译林出版社
地 址 南京市湖南路 1 号 A 楼
邮 箱 yilin@yilin.com
网 址 www.yilin.com
市场热线 025-86633278
排 版 南京展望文化发展有限公司
印 刷 徐州绪权印刷有限公司
开 本 850 毫米 ×1168 毫米 1/32
印 张 4.75
插 页 4
版 次 2023 年 1 月第 1 版
印 次 2023 年 1 月第 1 次印刷
书 号 ISBN 978-7-5447-9415-2
定 价 59.50 元

序　言

吴国盛

自柯瓦雷创造“科学革命”这个概念以概括16和17世纪欧洲思想所发生的激进变革以来，它成了科学史家们最热切关注的中心话题。围绕这个话题，七十年来产生了多种不同的编史纲领、数以百计的专门著作和几代优秀的科学史家。事实上，正是这个主题培育并造就了科学史学科的独特范式。我们或许可以说，时至今日，一个不深入了解“科学革命”的科学史家，不是一个合格的科学史家；一个科学史的入门初学者，最好是先读关于“科学革命”的著作。

然而，“科学革命”主题已经严重发散，正像本书作者在引言中所说：“如果问十位科学史家科学革命的实质、时间段和影响是什么，你可能会得到十五种回答。”甚至，像夏平这样的科学史家根本否认存在什么“科学革命”。在这种众说纷纭、莫衷一是的情况下，对专业科学史家来说，应该去比较各家的观点和论据，去研究关于科学革命的种种编史学；而对初学者来说，则需要一本权威性的综合著作，总结各方观点的合理之处，讲述一个主题鲜明的历史故事。所幸的是，本书就是这样的著作。

作者劳伦斯·M.普林西比是约翰斯·霍普金斯大学科学技术史系和化学系双聘讲席教授，1983年毕业于特拉华大学，获化学和文科双学士学位，1988年获印第安纳大学有机化学博士学位，同年进入约翰斯·霍普金斯大学化学系任教，1996年获约翰斯·霍普金斯大学科学史博士学位。他的主要研究方向是近代早期化学史，特别是炼金术与化学的关系史。普林西比不仅是一位优秀的职业科学史家，而且还是一位杰出的教师，很擅长用简明通俗的语言条理分明地讲述历史。他曾获得卡内基基金会、邓普顿基金会以及约翰斯·霍普金斯大学多次颁发的教学大奖。美国教学公司从20世纪90年代开始组织全美名师录制“名课”，其中的“科学史：从古代到1700年”即由普林西比讲授。

按照天界、地界、生命界、人工界的顺序，本书既讨论了天文学—力学—物理学这个科学革命叙事的传统线索，也讨论了占星术—炼金术—赫尔墨斯主义等化学论的叙事线索，还把解剖学—医学—植物和动物博物学也纳入科学革命的范畴中。这种种线索的并存并没有损害全书鲜明的主题。作者把科学革命时期（大约从1500年到1700年）通过错综复杂的连续渐变造成的最大断裂总结为，一个处处关联的、充满意义的、隐含神圣设计和无声隐喻的世界被彻底瓦解，具有宽广视野和多面经验的自然哲学家，被专业化、分科化的技术科学家所取代。革命之前的“关联宇宙论”一直或多或少地存在于革命的全过程中，它可以帮助我们理解为什么开普勒、波义耳、牛顿等人始终坚持认识自然就是认识上帝，自然哲学是神学的分支，宗教才是研究自然的原动力；为什么牛顿会热衷于研究炼金术和圣经年代学，并且相信摩西等古代哲人早就知道万有引力定律；为什么第谷在天堡里同时进行天文观测和炼金术（他称之为“地界天文学”）的工作。甚至机械自然观的出现，也应该从“关联宇宙论”与人类日益增加的技术能力的共同背景下加以理解。

以寥寥数万字的篇幅，把近几十年发掘出来的如此之多的线索组织起来，并且提炼出鲜明的科学革命形象，这是本书的最大长处和特色。我相信，多年来深受实证主义及辉格式科学史影响的中国读者，在读本书时，会有眼前一亮的感觉。

目　录

致　谢

感谢一些朋友和同事阅读了本书的全部或部分内容并且提出了批评，还有人与我讨论了如何才能把科学革命压缩成如此简洁的形式，特别是帕特里克·J.博纳、H.弗洛里斯·科恩、K.D.孔茨、玛格丽特·J.奥斯勒、吉安娜·波马塔、玛丽亚·波图翁多、迈克尔·尚克和詹姆斯·弗尔克尔。还要感谢为本书提供图片的人，他们是：化学遗产基金会的詹姆斯·弗尔克尔；约翰斯·霍普金斯大学谢里登图书馆特藏部的厄尔·黑文斯及其同事们；康奈尔大学克罗赫图书馆珍本手稿特藏部的大卫·W.科森及其同事们。

尤其怀念与我的同事和朋友玛吉·奥斯勒[①]的多次交谈。我们边喝单一麦芽苏格兰威士忌，边讨论如何编写近代早期科学史。她的过早离世使世界变得更加贫乏和无趣。谨以此书纪念她。

① 即玛格丽特·J.奥斯勒。——译注

引 言

1664年底，天空中出现了一颗明亮的彗星。西班牙人最先注意到了它，但接下来几周，这颗彗星变得越来越大、越来越亮，全欧洲都把目光投向了这一天象奇观。在意大利、法国、德国、英格兰、荷兰等地，甚至是欧洲在美洲和亚洲新近占领的殖民地和偏远地区，观测者们都在追踪和记录这颗彗星的运动和变化。一些人做了认真测量，争论着彗星的大小和距离以及在天空中的轨道是直还是曲。一些人用肉眼观察它，另一些人则用刚刚问世六十年左右的望远镜之类的仪器进行观测。一些人试图预言它对地球、天气、空气质量、人的健康、人类事务和国家命运的影响。一些人视之为检验新天文学思想的良机，另一些人则视之为神的预兆（不论好坏）。印刷的小册子层出不穷，新的自然现象类杂志刊登了论文和争论，人们在宫廷和学院、咖啡馆和小酒馆讨论它，相距遥远的观察者频繁通信，交换着丰富的思想和数据，编织出超越政治和信仰的交流网络。全欧洲都在注视着这一自然奇观，力图理解它并从中受益。

1664年至1665年的这颗彗星仅仅是一个例子，表明17世纪的欧洲人不仅交流密切，而且密切关注他们周围的自然界并与之互动。通过不断改进的望远镜，他们看到了广袤的新世界——意想不到的木星卫星、土星光环和无数新的恒星。通过同样新近发明的显微镜，他们看到了蜜蜂螫针的精细结构、放大到狗的尺寸的跳蚤，发现醋、血液、水和精液中居然还存在着一群从未想到的“微动物”。利用解剖刀，他们揭示出植物、动物和人的内部运作方式；借助火，他们把自然物分解成化学组分，将已知物质结合成新物质；依靠船舶，他们驶向新的陆地，带回关于新的植物、动物、矿物和民族的新奇样本和报告。他们设计出新体系来解释和组织世界，复兴古代体系，就彼此的优势展开无休止的争论。他们寻找隐藏在世界背后的原因、意义和寓意，追溯上帝的创造与维持之手的踪迹，试图借助新技术和隐秘的古代知识来控制、改进和开发他们所遭遇的世界。

科学革命——大约从1500年到1700年——是科学史上讨论最多的、最重要的时期。如果问十位科学史家科学革命的实质、时间段和影响是什么，你可能会得到十五种回答。一些人把科学革命看成与中世纪世界的截然断裂，正是在科学革命时期，我们所有人（至少是欧洲人）变成了“现代的”。在这种观点看来，16和17世纪的确是革命性的。另一些人则试图把科学革命变成一个无效的事件，仅仅将其视为回顾历史时所产生的一种幻觉。不过，如今更多谨慎的学者认识到，虽然中世纪与科学革命之间存在着许多重要的连续性，但这并不能否认16和17世纪以令人震惊的重要方式利用和改造了中世纪的遗产。事实上，“科学革命”（现在更多被称为“近代早期”）**兼具**连续与变化的特征。这一时期就自然界发问的人明显增多，他们设计了新的途径对这些问题给出了大量新的回答。本书描述了近代早期思想家对周围世界的设想、研究、发现以及这一切对他们的意义，讨论了他们如何为近代科学的知识和方法奠定了基础，如何努力解决至今仍然困扰我们的问题，如何精心打造了充满美和希望的丰富世界，这样的世界我们常常忘记如何去观察。

第一章

新世界和旧世界

近代早期的成就奠基于中世纪建立的思想和制度。近代早期的人试图回答的许多问题都是在中世纪提出的，而用于回答它们的许多方法也源自中世纪的研究者。然而，近代早期的学者却乐于诋毁中世纪，宣称自己的工作是全新的，尽管他们保留和依赖的东西至少与抛弃或因时修改的东西同样多。从中世纪到近代早期的特定变化并非在整个欧洲同时发生，不论这些变化是思想的、技术的、社会的还是政治的。相比于英格兰这样的欧洲边缘地区，医学、工程、文学、艺术、经济和民事等明显的“现代”产物早已在意大利完全确立。同样，不同学科在不同时间出现了不同速度的发展。大约1500年到1700年这一时期——不论如何称呼它——是一幅观念和潮流的织锦，一个充斥着相互竞争的体系和概念的喧闹市场，一个涵盖了一切思想实践领域的忙碌的实验室。这一时期不断出现的文本表明了其作者对自己所处时代的异常兴奋。单凭一个标签、一本书、一位学者和一代人不可能理解它的全貌。为了理解这一时期及其重要性，我们需要近距离考察当时究竟发生了什么以及原因如何。

理解科学革命首先要知道它在中世纪和文艺复兴时期的背

景。特别是在15世纪，欧洲社会发生了重大变化，欧洲的眼界无论在字面意义上还是比喻意义上都大为拓宽。四个关键事件或运动从根本上重新塑造了16和17世纪的人所生活的世界：人文主义的兴起、活字印刷术的发明、地理大发现和基督教改革。虽然不是严格意义上的科学发展，但这些变化为这一时期的思想家重新塑造了世界。

文艺复兴及其中世纪起源

“意大利文艺复兴”一词常使我们想起桑德罗·波提切利、皮耶罗·德拉·弗朗切斯卡、列奥纳多·达·芬奇、安吉利科等名人完成的艺术和建筑杰作。但文艺复兴远不只是美术的繁荣。文学、诗歌、科学、工程、民事、神学、医学及其他领域也得到了蓬勃发展。我们不应低估15世纪意大利文艺复兴时期的辉煌及其对历史和现代文化的重要性。但也应该记住，这并非公元5世纪罗马帝国陷落、古典文明灭亡之后欧洲文化的第一次重要繁荣。至少有两次更早的“复兴”或“重生”。

第一次是加洛林文艺复兴，发生在公元8世纪末查理曼的军事征服之后，它使中欧在公元9世纪的大部分时间里更为稳定。查理曼在亚琛的宫廷成了学问和文化的中心，为后来大学奠定基础的大教堂学校便是源于这一时期。公元800年，教皇利奥三世加冕查理曼为“罗马人的皇帝”，为加洛林改革定下了基调：试图回到古罗马的荣耀。建筑、造币、公共建筑甚至是书写风格都在有意模仿帝国时代的罗马人或至少是9世纪所想象的罗马人。不过这次繁荣很短命。

拉丁欧洲的第二次“重生”范围更广，持续时间更长。尽管强度逐步减弱，但其势头一直持续到意大利文艺复兴开始。这次“重生”即所谓的“12世纪文艺复兴”，科学、技术、神学、音乐、艺术、教育、建筑、法律和文学中的创造力喷薄而出。这一繁荣的起因尚有争议。一些学者指出，从11世纪开始的欧洲气候更为温暖宜人（被称为“中世纪暖期”），农业的进步使食物增多、经济繁荣，欧洲人口短时间内翻了一番甚至增至三倍。城市中心的兴起、更稳定的社会政治制度、更为充足的食物以及随之而来的从事思考和学术的更多时间，所有这些都有助于促成这次复兴。

觉醒的欧洲在穆斯林世界找到了丰富的思想资源。基督教欧洲开始在西班牙、西西里和黎凡特将伊斯兰教的边境往后推移时邂逅了阿拉伯的学术财富。穆斯林世界曾经继承了古希腊知识，将其译成了阿拉伯文，并用新的发现和观念数度丰富了它们。在天文学、物理学、医学、光学、炼金术、数学和工程领域，“伊斯兰聚居地”都远胜于拉丁西方。欧洲人坦然接受了这一事实，并立即致力于获取和吸收阿拉伯的学问。欧洲学者在12世纪开始了一场伟大的“翻译运动”。数十位翻译家（往往是修道士）长途跋涉来到阿拉伯世界特别是西班牙的图书馆，历经艰辛将数百部著作译成了拉丁文。具有特殊意义的是，他们选择翻译的文本几乎都是科学、数学、医学和哲学领域的文本。

拉丁中世纪只从古典世界继承了罗马人所拥有的那些文本。到了罗马帝国晚期，只有少数罗马学者能够阅读希腊文，因此罗马人所能传承的文本几乎只有对希腊学问的拉丁文释义、概述和普及。这就好比我们的后人只获得了新闻报纸对于现代科学的记述和普及，而几乎没有获得科学期刊或文本。于是，拉丁中世纪的学者尊崇古代伟大作者的名号，并拥有对其思想的描述，但几乎没有他们的著作。

12世纪的翻译家彻底改变了这一局面，他们翻译了阿拉伯学者的原创性著作和古希腊著作的阿拉伯文译本。大多数古希腊文本就这样披着阿拉伯的外衣传到了欧洲。阿拉伯文本贡献了盖伦的医学、欧几里得的几何学、托勒密的天文学，以及我们今天所拥有的亚里士多德的几乎全部著作，更不用说阿拉伯学者在所有这些领域以及其他领域中更高阶的著作。1200年左右，这些激增的知识变成了大学中的课程，而大学也许是中世纪为科学和学术所留下的最为持久的遗产。亚里士多德的自然哲学著作构成了课程的核心，他的逻辑学著作促成了经院哲学，这是关于逻辑研究和争论的一套严格的形式化方法，可以运用于任何主题，大学研究正是以经院哲学为基础。

大学作为学术机构的重要性怎样强调都不为过。正如著名学者爱德华·格兰特所说，中世纪的大学“塑造了西欧的精神生活”。虽然大学中级别最高的是神学，但一个人如果不首先掌握当时的逻辑学、数学和自然哲学，就不可能成为一名神学家，因为这些论题经常被用在中世纪高级的基督教神学中。事实上，中世纪大多数伟大的自然哲学家都是神学博士，如大阿尔伯特（现在是自然科学家的主保圣人）、弗赖贝格的狄奥多里克、尼古拉·奥雷姆、朗根施泰因的亨利等等。他们全都在大学里学习和任教，并在那里找到了归宿。

14世纪的灾难阻碍了13世纪充满活力的文化生活。14世纪初，可能是由于“中世纪暖期”的结束，反复的粮食歉收和饥荒袭击了当时已人口过剩的欧洲。14世纪中叶，黑死病瘟疫突然席卷欧洲，一周之内很多人染病而死。就导致的生命损失或社会剧变而言，如今没有任何东西能像黑死病那样迅速、势不可当和具有破坏性。从1347年到1350年四年间，近一半欧洲人口命丧于此。意大利文艺复兴的最初迹象正是出现于这些动荡时期之前——诗人但丁（1265—1321）活跃于黑死病之前，比他年轻的作家薄伽丘（1313—1375）和彼特拉克（1304—1374）则活过这段时期幸存了下来。

人文主义

瘟疫盛期过后，在一两代人时间里发生的意大利文艺复兴为科学革命提供了第一个关键背景：**人文主义**的兴起。由于难以对人文主义作出简洁而严格的定义，我们最好谈及**复数的人文主义**（humanisms）——思想、文学、社会政治、艺术和科学上的一些彼此相关的潮流。人文主义者持有一种非常普遍的信念，认为自己生活在一个兼具现代性和新颖性的新时代，这个新时代应当结合古代人的成就加以衡量。他们部分是通过研究和仿效古代的希腊人和罗马人来寻求艺术与文学的复兴。据此，莱奥纳尔多·布鲁尼（1369—1444）和弗拉维奥·比翁多（1392—1463）等意大利文艺复兴时期的人文主义历史学家提出了我们所熟悉的三阶段历史分期（我们至今仍须努力从它的意涵中解放出来）。根据这种分期，第一个时代是古希腊罗马，第三个时代是现代，当然始于文艺复兴时期的作家们本人。根据人文主义者的说法，这两个高点之间是一个沉闷和停滞的“中间”时期，因此被称为“中”世纪。事实上，关于公元500年到1300年这一时期的所有名称无不充斥着意大利人文主义者对它的鄙视，就此而言，文艺复兴时期最为持久的发明也许就是“中世纪”这一概念。鉴于人文主义者的直接背景就是对饥荒和瘟疫之年的切近记忆，1400年左右意大利的重新繁荣必定像是一个“新时代”的黎明。

模仿被视为最真诚的奉承，人文主义者通过模仿罗马风格来表达他们对古代的仰慕。以前也曾有过回到古代的尝试，特别是在六百年前的加洛林文艺复兴时期。罗马的壮观的确给人类的记忆留下了深刻的印象。人文主义者渴望更多地了解那个过去的时代，这表现于对久已遗失的古典文本的寻求。早期的人文主义者波吉奥·布拉乔利尼（1380—1459）利用具有革新意识的康斯坦茨会议（1414—1418，他担任教皇秘书）的休会期，遍寻附近的修道院图书馆，以寻觅幸存下来的古典文献。他不仅发现了昆体良论修辞的著作以及此前不为人所知的西塞罗演说，而且——对于科学史更重要的是——也发现了卢克莱修介绍古代原子论思想的《物性论》、马尼留斯的天文学著作、维特鲁威的建筑和工程著作以及弗龙蒂努斯论述水道和水力学的著作。数百年来，这些作品经由中世纪修道士的抄写——也许只剩下了某个孤本——而在修道院的图书馆中一代代保存下来。

人文主义者对罗马学问的重新恢复伴随着希腊语研究的复兴。拉丁西方在一千年的时间里几乎完全不通晓希腊语。希腊语复兴的背景是希腊外交官和教士代表团于1400年左右来到意大利。他们的使命是获取援助以抵制土耳其人的威胁，使1054年以来分裂的东西方教会重新联合起来。克利索罗拉斯（约1355—1415）是最早来到意大利的外交官之一，但他转而在那里讲授希腊语，许多著名的人文主义者都成了他的学生。意大利人对希腊文本的渴望被激起，他们继而前往君士坦丁堡搜寻手稿。瓜里诺·达·维罗纳（1374—1460）带回了数箱手稿，其中包括斯特拉波的《地理学》，随后被他译成了拉丁文。据说曾有一箱手稿在运输过程中丢失，瓜里诺达因此过于悲伤而一夜白头。参加15世纪30年代佛罗伦萨会议的希腊代表团包括两位著名的希腊学者。一位是后来做了红衣主教的约翰内斯·贝萨里翁（1403—1472），他将自己收集的近一千份希腊手稿赠予了威尼斯城。另一位是乔治·盖弥斯托斯（约1355—约1453），一般被称为普勒托，这位性格乖张的学者后来倡导回归古希腊多神教。普勒托在佛罗伦萨教希腊语，并使西方注意到了柏拉图和柏拉图主义者的著作。他的教导促使执政的大公科西莫一世·德·美第奇在佛罗伦萨创建了一个柏拉图学院。学院的第一位领导者菲奇诺（1433—1499）翻译了柏拉图的著作以及后来几位柏拉图主义者的文本，其中大部分作品当时还不为西欧读者所知。

于是，和12世纪一样，15世纪也重新发现了大量古代文本，其中许多是关于科学技术主题的。但人文主义者的区别性特征与其说是热爱文本，不如说是热爱**纯粹而准确的**文本。他们称大学中使用的亚里士多德和盖伦的文本是不纯的——充满了野蛮、“阿拉伯特征”（Arabisms）、添加和错误。他们将经院哲学斥为贫瘠的、野蛮的和不雅的。他们认为，大学（尤其是北方的大学，意大利的情况要好一些）是停滞的“中间”时代的遗迹，斥责大学学者在写一种退化的拉丁文，缺乏优雅的气质。因此，人文主义的一个重要特征是在大学以外建立了新的学术共同体。

一个现代误解是，人文主义者由于某种原因是世俗主义的、非宗教的，甚至是反宗教的。一些人文主义者固然会批评教会的恶习，蔑视经院神学，但他们决不反对基督教或宗教。事实上，许多人倡导的教会改革与他们期待的语言改革相平行——通过回到古代、回到公元后最初几个世纪的教会来实现。许多人文主义者都担任圣职，在教会机构任职，或者享受教士俸禄，天主教的等级结构支持了人文主义。文艺复兴时期的多位教皇都是热情的人文主义者，尤其是尼古拉五世、西克斯图斯四世和庇护二世，他们的红衣主教和宫廷也是如此，都鼓励人文主义者。现代的错误源自将其与所谓的**世俗人文主义**相混淆，这是一项20世纪的发明，在近代早期并无与之对应的概念。

文艺复兴时期的人文主义对科学技术史的影响正负兼有。从积极的一面来讲，人文主义者得到了数百个新的重要文本，使考据学达到了新的水平。对柏拉图的重新引入（特别是由于他采用的毕达哥拉斯数学）提升了数学的地位，并且提供了一种与大学中受到青睐的亚里士多德主义不同的哲学。为了符合古人的标准，整个意大利的工程和建设项目均以古代工程师阿基米德、希罗、维特鲁威和弗龙蒂努斯为典范。其消极一面是，对古代的奉承可能走得太远，以致将罗马帝国灭亡之后的一切事物都斥为野蛮。于是，欧洲开始失去对阿拉伯和中世纪成就的尊重和认识，而阿拉伯和中世纪在科学、数学和工程领域的成就——毫无疑问——大大胜过了古代世界。

印刷术的发明

1450年左右活字印刷术的发明，极大地满足了人文主义者对文本的兴趣。这一发明（或至少是其成功推广）要归功于约翰内斯·古腾堡（约1398—1468），他原本是美因茨的一名金匠。活字印刷术的关键是铸造带有突出字母的金属活字。这些活字可以组装成完整的文本页面，在其表面涂上一种油墨，按压在纸上，一次便可印刷一整页（或一组页面）。印刷多份之后，可将活字页面拆卸开，很容易把字母重新排列成下一组页面。此前，书籍必须手工抄写，造成产量低下且价格高昂。中世纪晚期大学的发展和大众读写能力的增长使书籍供不应求，人们对生产书籍的速度有了更多需求，一批制书企业在修道院和大学的传统缮写室之外应运而生。产量的增加导致了越来越多的抄写错误，人文主义者对此深感痛惜。印刷术确保了图书生产的效率和质量，尽管花费在造纸、排版和印刷上的劳动使得书籍仍然十分昂贵。（1455年印出的古腾堡《圣经》价格为三十弗罗林，比一个熟练工匠一年的工资还要多。）

从抄写到印刷的过渡并非一蹴而就。手稿仍然和书籍并存，虽然手稿的使用越来越多地局限于私人的、稀有的或特许的材料。印刷字体模仿手稿书写；在北欧，这意味着用哥特字体印刷书籍，但意大利（特别是威尼斯）很快就成了印刷业的中心。意大利印刷工泰奥巴尔多·曼努奇［其拉丁化的人文主义名字马努提乌斯（1449—1515）更为人所知］采用了意大利人文主义者发明的更为干净清晰的字母形状（他们认为模仿了罗马人的书写方式），由此创造的字体不仅取代了旧字体，而且也是今天使用的大多数字体的基础；因此，我们优雅的斜体仍然被称为“意大利体”（Italic）。

印刷机如雨后春笋般地出现于整个欧洲。到了1500年，大约有一千部印刷机在运转，已有三四万种图书被印制出来，总数约有一千万册之多。这些印刷制品在整个16和17世纪有增无减。书籍变得越来越便宜（往往质量有所下降），更容易为不太富裕的购买者所获得。印刷使得通过相互攻讦、时事通讯、小册子、期刊和其他生命短促的纸质媒介进行的交流得以更快地进行。虽然这些纸质媒介生产出来以后大都很快就消亡了（如上周的报纸），但它们在近代早期是非常普遍的。就这样，印刷机创造出一个史无前例的印刷文字的新世界，一个读写文化的新世界。

印刷的一个容易被忽视的特点是它能够复制**图像和图表**。在手稿传统中，插图是一个问题，因为准确绘图的能力取决于抄写者的技法，而且经常依赖于他对文本的理解。因此，无论是解剖图、动植物插图、地图、海图、数学图解还是技术图解，每一次复制都意味着质量的下降。一些抄写员径直忽略了困难的图形。印刷意味着作者能够监督生产原版的木刻或雕刻，然后便可以轻松可靠地生产完全相同的副本。在这种情况下，作者更愿意并且能够把图像包括在他们的文本中，从而促成了科学插图的第一次发展。

航海大发现

一张图片胜过千言万语，事实证明，绘制插图的能力特别重要，因为新奇的报告和事物很快就会涌入欧洲。这些信息来自欧洲人直接接触的新土地。第一个来源是亚洲和撒哈拉以南的非洲地区。由于葡萄牙人试图开辟与印度的贸易航线，以便绕过控制了陆路和地中海航线的中间商（主要是威尼斯人和阿拉伯人），遂使欧洲人接触到了这些地区。15世纪初，葡萄牙王子、航海家亨利（1394—1460）开始派远征队沿西非海岸探险，与撒哈拉以南非洲地区的商人建立了直接联系。葡萄牙水手进一步南下，最终于1488年绕过好望角，其最高潮是达·伽马于1497至1498年成功远航至印度进行贸易。葡萄牙人沿途建立了贸易前哨，其中许多地区直到20世纪中叶仍为葡萄牙所拥有，他们最终将其常规航线延伸到中国，将香料、宝石、黄金、瓷器等奢侈品运回欧洲，还带回了关于遥远国度、奇异生物和未知民族的报道。

欧洲视野的这种拓宽并非在文艺复兴时期遽然开始。中世纪为文艺复兴时代的航海奠定了基础。事实上，向东的航行早在13世纪就已出现，却因14世纪亚洲的政治动荡而被迫中断，到了15世纪又被恢复。中世纪的旅行者往往是13世纪两个新修会——多明我会和方济各会——的成员，他们开始到遥远的地方传教和从事外交活动，这种使命我们直到现在才有所认识。他们在亚洲建立了宗教场所，从波斯和印度一路推进到北京，并将相关信息传回欧洲，从而激励了后来的贸易航行。这些中世纪旅行使人们意识到欧洲之外还有一个更为广袤的世界有待探索。

当葡萄牙人正在向东开辟朝向亚洲的海上航线时，哥伦布却把目光投向了相反方向。他确信，地球周长大约要比在欧洲广为人知的相当准确的古代估计值短三分之一，因此认为自己向西航行能够到达东亚。这种错误的印象部分是由于公元2世纪的地理学家和天文学家托勒密。人文主义者们刚刚重新找出了他的《地理学》，其中把地球的尺寸说得异常之小，大大高估了亚洲向东的范围。哥伦布的资助者持怀疑态度，他们认识到西行路线要更长，如果没有中间的地方提供新的补给，船员就会饿死。（**没有人**认为哥伦布会“航行到地球边缘掉下去”，因为早在哥伦布之前一千五百多年，地球的球形观念已在欧洲牢固确立。说哥伦布之前的人都认为地球是平的，这是19世纪的发明。中世纪的人会对这种想法捧腹大笑！）因此，当1492年哥伦布的船只突然发现加勒比地区的陆地时，他自认为到了亚洲，而不是发现了一个新大陆。

无论哥伦布后来是否承认了自己的错误，其他人反正很快认识到了，于是急忙赶往这个新世界。在新发明的印刷机的帮助下，新世界的消息迅速传开。1507年，一位德国制图师根据意大利探险家亚美利哥·韦斯普奇的名字给这块新大陆命名为亚美利加。由于这些地图以及韦斯普奇随之发表的关于南美的描述，这个名字流传开来。1508年，西班牙国王费迪南多二世为韦斯普奇设立了新世界首席航海家一职。这一新职位所属的商局（Casa de Contratación）成立于1503年，不仅是为了给带回西班牙的货物征税，而且也是为了对返回的旅行者所带来的各种信息加以收集和分类，训练领航员和航海家，以及用从每一位返回的船长那里新收集到的信息不断更新原版地图。各种知识和技术诀窍汇集到塞维利亚，帮助西班牙建立了历史上第一个"日不落"帝国。

面对西班牙和葡萄牙正在积累的领地和财富，其他国家也不甘心袖手旁观，遂纷纷加入竞争行列，尽管他们落后于古伊比利亚人一个世纪或更长时间。因此在一百年的时间里，几乎所有关于新世界的报道和样本都是经由西班牙和葡萄牙来到欧洲的，它们改变了欧洲人的动植物知识和地理学知识。很难想象从新世界大量涌入欧洲的材料有多少。新的植物、动物、矿物、药品以及关于新的民族、语言、思想、观察和现象的报道，使旧世界目不暇接，难以消化。这是真正的"信息过剩"，它要求改变关于自然界的想法，用新方法对知识加以组织。由于发现了新的奇异生物，传统的动植物分类系统不再适用。由于发现人类的居住地几乎无处不在，那种古代观念遭到了驳斥，即世界被分为五个气候区，包括两个温带和三个因为过热或过冷而不适宜居住的区域。开发美洲和亚洲巨大的经济潜力需要新的科学技术。地理数据和航线记录催生了新的绘图技术，而在欧洲与新国度之间安全可靠地通航则需要改进导航、造船和军备。

基督教改革

环游世界使欧洲人看到了各种不同的宗教观点，而宗教观点在欧洲本土也开始变得多样化。1517年标志着基督教内部开始出现一种深刻的、往往伴随着暴力的持续分裂。那一年，奥古斯丁会的神职人员和神学教授马丁·路德（1483—1546）在维滕贝格大学城提出了著名的《九十五条论纲》。这些论纲或命题以经院论辩主题的格式写成，集中批判了当地出售赎罪券的不当做法，这种做法在神学上是站不住脚的。虽然关于仪式和教义问题的类似争论在中世纪大学的论辩文化中很常见，但路德的抗议超出了神学学术争论的通常界限，迅速演变成一场超出马丁·路德控制的、有广泛基础的政治社会运动。路德的主张最初很温和，但逐渐变得越来越大胆和有对抗性，从地方做法的一些小问题升级为严重的教义问题。这些主张经由印刷机迅速传播开来，因与地方民族主义的联系而加深，并且受到了德国统治者的唆使，他们认为脱离罗马对其政治利益有利。就这样，一次地方性的抗议（protestation）出乎预料地发展成了新教（Protestantism）。新教几乎立刻分裂成了若干相互争论不休的派别。除了天主教与路德教的争论，很快又出现了路德教与加尔文教的争论，然后是加尔文教内部的争论，等等。所谓的“宗教战争”——激励它的往往更多是政治和王朝的操纵，而不是教义问题——在接下来的一个半世纪里震撼着欧洲，特别是德国、法国和英国。

路德本人并非人文主义者，尽管他的一些理念，如强调对《圣经》的字面理解而不是天主教徒所青睐的隐喻读法，与人文主义者对文本的强调有相似之处。但比这些相似之处更重要的是他怀疑古典的（“异教的”）文献和思想，并且希望把《圣经》中那些不同于其个人观念的各卷（如《雅各书》）删除。然而，比他有学识得多的梅兰希顿（1497—1560）却完全不是这样。“梅兰希顿”这个名字证明了他的人文主义，它是从原本粗野的德国“黑土地”（Schwartzerd）翻译成的古典希腊文。提出这种“自我古典化”的是他伟大的伯父、德国最引人注目的人文主义者罗伊希林。紧随路德对大学经院哲学的拒斥，梅兰希顿（作为一个同样不喜欢经院哲学的人文主义者）调整了从天主教皈依路德教的德国大学——特别是路德本人所在的维滕贝格大学——的课程设置和教学。他设计的新课程使他赢得了“日耳曼之师尊”的头衔。其方法并非驱逐亚里士多德，而是——以真正人文主义的方式——消除中世纪向亚里士多德所作的“增添”以及使用更佳版本的希腊哲学家著作。新兴的新教大学不得不重新开始，淡化业已确立的方法，从而能把在旧体制中无法立足的新的主题和研究方法包括进来。

天主教内部的改革运动也在进行。在15世纪，宗教会议解决了一些问题，虽然不是很成功。更引人注目的是特伦托会议（1545—1563），这次大公会议通过处理腐败问题、澄清教义、规范仪式、集中纪律监督等做法，对新教作出了回应。直到第二届梵蒂冈大公会议（1962—1965），特伦托会议一直是中世纪之后最重要的教廷会议，它拉开了天主教改革或者说“反宗教改革”的序幕。其措施包括改进教士的教育（这一改革是许多人文主义者所提倡的）以及加强对于发表作品中正统学说的监督。一个新组建的教士团体——耶稣会最积极地参与到了特伦托会议所倡导的改革之中。1540年，圣依纳爵·罗耀拉在教皇的授权下建立了耶稣会，耶稣会士们尤其致力于教育和学术，在科学、数学和技术等领域做出了重要贡献。

除了宣扬新教徒回归天主教，耶稣会士更广泛的影响在于他们在创会最初几年所建立的数百所学校和学院。耶稣会的教育基于一种新颖的教学和课程风格，它坚持了亚里士多德方法的重要性，但重新强调了数学（到1700年，耶稣会士占据着欧洲一半以上的数学教授职位）和科学。科学革命的一些新科学思想往往是在耶稣会学校最先讲授的，许多孕育这些观念的思想家便是在这些学校培养出来的。耶稣会士沿着新开辟的贸易路线前往世界各地，高姿态地进入了中国、印度和美洲（当然包括开办学校），建立了第一个全球性的通信网络。该网络把一切事物都带回了罗马，无论是生物标本、天文观测和文化制品，还是关于本土知识和风俗的广泛报道。耶稣会对于研究科学和数学的态度表达了它的座右铭：“在万事万物中找到神。”虽然耶稣会士强调这种激励，但这并非他们所独有，而是几乎整个科学革命的基础。

16世纪的新世界

16世纪的欧洲人居住在一个迅速变化的新世界。和我们快节奏的今天一样，许多人认为这种状况是焦虑的来源，而另一些人则看到了一个充满机遇和可能性的世界。欧洲的视野在各种意义上得以拓宽。欧洲人重新发现了他们自己的过去，遇到了一个更广的物理世界和人类世界，创造了新的研究方法，对旧观念作了新的诠释。事实上，用一个喧哗骚动、储备丰富的市场来形容他们的世界再恰当不过。纷杂刺耳的声音大大促进了各种思想、货物和机遇。人们摩肩接踵地对各种商品进行检验、购买、拒绝、赞美、批评或只是触碰。几乎所有东西都供人竞购。无论我们认为“科学革命”是某种全新的东西，还是经过14世纪的不幸中断之后对中世纪晚期思想发酵的恢复，毫无疑问的是，16和17世纪有学识的居民都认为自己处于一个充满变化与新奇的时代。这是一个激动人心的时代，一个新世界的时代。

第二章

关联的世界

近代早期思想家看到的世界是真正希腊意义上的**宇宙**（cosmos），即一个秩序井然、恰当安排的整体。在他们眼中，物理宇宙的各个组成部分彼此密切交织在一起，并且与人和神紧密相关。他们的世界织成了一张关联和相互依存的复杂网络，它的每一个角落都充满了目的、密布着意义。因此对他们而言，研究世界不仅意味着揭示其内容事实并加以分类，而且意味着揭示其隐秘设计和无声的寓意。这种看法与现代科学家形成了鲜明的对比，日益专业化使现代科学家只关注那些狭窄的研究主题和孤立的对象，其方法强调切割而不是综合，其态度主动排除了意义和目的问题。现代研究方法成功地揭示了关于物理世界的大量知识，但也造就了一个脱节的、支离破碎的世界，使人类感到疏离和孤立于宇宙。几乎所有近代早期自然哲学家都持有一种更为广泛和无所不包的世界观，他们的动机、问题和做法正是源于这种视野。因此，要想理解他们研究世界的动机和方法，就必须理解他们的世界观。

一个内在紧密关联的目的论世界的观念有许多来源，但最重要的来源是柏拉图和亚里士多德这两位不可回避的古代巨人以及基督教神学。从柏拉图特别是所谓的晚期柏拉图主义者或新柏拉图主义者——基督教时代最初几个世纪在希腊化的埃及积极发展柏拉图思想的哲学家——那里产生了“自然阶梯”（*scala naturae*）的思想。根据这种构想，万事万物都在一个连续的层次结构中拥有特殊的位置。其顶端是太一，完全超越的永恒的神，其他一切事物的存在都源于此。太一流溢出创造性的力量，使其他一切事物得以产生。这种力量越是从其来源流溢出来，它所创造的东西就越低和越不像太一。其底部是惰性的、毫无生气的质料。其间的等级按升序排列依次是植物和动物的生命，然后是人类，然后是精神性的存在，如精灵（*daimons*）和较小的神。一些新柏拉图主义者的目标仿佛是爬上阶梯，变得更具精神性和较少物质性，将人的灵魂——我们最崇高的部分——从堕入物质所导致的盲目性中摆脱出来，经由精神性存在的层次朝着太一上升。这种古代晚期观念和基督教教义相互影响，正如公元5世纪的柏拉图主义基督徒伪狄奥尼修斯所指出的，用不同等级的天使取代异教的精灵和较小的神，用基督教的上帝取代太一，很容易使这种观念符合正统基督教信仰。由于这种基督教化，自然阶梯的观念在整个拉丁中世纪都广为人知，尽管它所基于的古代柏拉图主义文本已经散佚了许多个世纪。

文艺复兴时期的人文主义者重新发现了这些柏拉图主义文本，并由菲奇诺译成了拉丁文。菲奇诺也获得、翻译和出版了一批以“三重伟大的赫尔墨斯”（Hermes Trismegestus）命名的文本，其作者被假想成一位与摩西同时代的古埃及圣贤。大约从公元前3世纪到公元7世纪，大量不同版本的《赫尔墨斯文集》产生出来，菲奇诺所获得的只是其中一小部分。这些文本虽然最初被认为要古老得多，但菲奇诺的《赫尔墨斯文集》实际上可能写于公元2世纪和3世纪。其重要性在于它的新柏拉图主义特征，强调了人类的力量，人类在关联的阶梯世界中的位置，以及人类沿阶梯向上攀升的能力。许多文艺复兴时期的读者在《赫尔墨斯文集》中找到了他们认为的基督教的预示，三重伟大的赫尔墨斯因此成了一位异教的先知，锡耶纳大教堂中描绘的众先知中就有他。

在对世界的**阶梯**设想中，任何被造物都有一个位置，都与它之上或之下紧挨着的被造物相关联，因此沿着所谓"伟大的存在之链"从最低层次到最高层次有一个渐进的、无间隙的连续上升。一个相关的概念——存在于柏拉图论述宇宙起源的《蒂迈欧篇》中，这是拉丁中世纪所知的柏拉图的唯一作品——是**大宇宙**和**小宇宙**。这两个希腊词分别意味着"大有序世界"和"小有序世界"。大宇宙是宇宙的身体，亦即恒星和行星的天文学世界，而小宇宙则是人的身体。其基本思想是，这两个世界的构造基于类似的原则，因此彼此之间存在着密切的关系。公元8世纪的一部被称为《翠玉录》的阿拉伯作品是对《赫尔墨斯文集》的一项晚期贡献，它将这一观点简洁地概括为近代早期欧洲众所周知的一则格言："上行下效。"对于柏拉图而言，将人的小宇宙与行星的大宇宙联系起来有一种实际的道德意义——我们应把天界有序而合理的运作视为指导，以一种有序、合理的方式来支配自己。对于近代早期的欧洲人而言，小宇宙和大宇宙的联系首先有一种医学意义——它是医学占星术的基础。各个行星对特殊的人体器官会产生特殊影响，从而影响人体的功能（见第五章）。

对于内在关联和目的论的世界观的第二项主要贡献，源自亚里士多德关于如何获得知识的想法。根据亚里士多德的说法，关于事物的严格知识是“因果知识”。我们需要对这个词作出解释。亚里士多德认为，要想认识一个事物，需要确定其四种“原因”或者说存在的理由。第一个原因是**动力因**，它描述了制成该物体的是什么或谁。**质料因**描述了该物体是由什么构成的。**形式因**说明了是什么物理特征使物体是其所是，亦即其性质的集合。对于亚里士多德主义者来说，最重要的原因是目的因，这也是现代人最难理解的原因。**目的因**告诉我们事物是为了什么目的，即其现有的目标是什么，在亚里士多德看来，任何事物都有一个目标或目的。我们可以用阿基里斯的雕像来说明这些“原因”。这尊雕像的动力因是雕塑家，其质料因是大理石，其形式因是阿基里斯的美丽身体，其目的因是为了纪念阿基里斯。每一种原因可能不止一个（例如，雕像还可能有作为装饰，或者在一些雅典式房屋内作为衣帽架的目的因）。

关键的一点是，亚里士多德意义上的知识，特别是关于动力因和目的因的知识，**在物体相对于其他物体的关系背景下**对物体作出了定义。认识一个事物意味着找到它在与其他事物，尤其是产生它并且利用它的事物的关系网络中的位置。在欧洲的基督教背景下，目的因与神的设计和神意的观念非常协调。自然中的目的因是上帝创世计划的一部分，第一动力因将该计划植入了受造物并对其进行编码。

近代早期的作者以许多不同方式表达了他们对一个关联世界的理解。因化学工作而著名的英国自然哲学家波义耳（1627—1691，学习化学的学生仍然要学波义耳定律，即气体的体积与所施加的压力成反比）指出，世界就像是一部“精心构思的小说”。这里波义耳暗指他非常喜欢读的那个时代的许多法国小说。这些小说的长度往往超过了两千页，并有许多令人眼花缭乱的主要角色，其复杂的故事情节不断以令人惊讶的方式收敛和发散，字里行间都在透露谁偷偷爱上了谁，谁是真正失散已久的兄弟、子女或无论什么事物。对波义耳而言，造物主便是最终的小说作家，科学研究者则是那些读者，试图弄清楚造物主在世界中书写的所有关系和错综复杂的故事情节。

极为博学的耶稣会士基歇尔（1601/1602—1680）在罗马维护着一座奇迹博物馆，他是耶稣会士就自然哲学进行通信的一个中心。在他关于磁学的一本百科全书式的著作中，一幅优雅的巴洛克风格的卷首插图（图1）描绘了这种内在关联的世界。

该图显示了一系列圆形印章，每一个印章上都带有某个知识分支的名称：物理学、诗学、天文学、医学、音乐、光学、地理学等等，神学则在最顶端。一个链条将这些印章连接在一起，表达了所有知识分支的内在统一性。对于近代早期的人而言，并没有什么严格的壁垒使科学、人文学科和神学彼此隔绝，它们形成了探索和理解世界的环环相扣的方法。在基歇尔的图像中，有链条将这些知识分支与三个更大的印章连在一起，后者代表自然世界

图1　基歇尔,《磁石,或者论励磁的方法》(罗马,1641)标题页版画,表明各个知识分支以及上帝、人和自然之间的内在关联

的三个主要部分：天界（比月球更远的一切事物）、月下世界（地球及其大气层）和小宇宙（人）。世界的这三个部分也同样连接在一起，表明它们之间存在着无可避免的相互依存关系。整个图像的中心处是分别与三个世界直接接触的原型世界（mundus archetypus），即上帝的心灵，它不仅创造了世间万物，而且包含着宇宙中一切可能事物的模型或原型。基歇尔以一句拉丁文格言完成了这幅图像："由隐秘之结关联起来的万物平静地安歇着。"

这种对各个学科之间以及宇宙各个方面之间关联性的感受是**自然哲学**的典型特征。自然哲学是近代早期自然研究者所从事的学科，它与我们今天所熟悉的**科学**密切相关，但在范围和意图上更加广泛。中世纪或科学革命时期的自然哲学家和现代科学家一样研究自然界，但这种研究是在包括神学和形而上学在内的更广泛的视野中进行的。神、人、自然这三个组成部分从未彼此隔绝。到了19世纪，自然哲学观念逐渐让位于更加专业化的狭窄"科学"视角，"科学家"一词正是在此时期被创造出来。如果不时刻牢记自然哲学的独特性，就不可能正确理解或欣赏近代早期自然哲学家的工作和动机。他们的问题和目标并不一定是我们的问题和目标，即使研究的是同样的自然对象。因此，我们撰写科学史时绝不能把那些科学上的"第一次"从历史背景中抽离出来，而只能通过历史人物的眼睛和心灵去审视它们。

自然"魔法"

在16和17世纪得到广泛认同的这种"整体宇宙"观是各种

努力和事业的基础，即使不同思想家认为世界中的内在关联对其工作有不同程度的重要性。在自然哲学中，与这种世界观联系最紧密的一个方面是自然魔法（*magia naturalis*）。把这个拉丁词直接译成英语的"natural magic"是一种误导，因为"magic"一词很容易使现代读者想起特殊打扮的人从帽子里掏出兔子，或者头戴尖顶帽子、身披黑色长袍的皮肤干皱的人在大锅前喃喃自语，或者更加亲切地想起哈利·波特和霍格沃茨魔法学校。而近代早期的自然魔法则非常不同，它是科学史的重要组成部分。

对于现代人来说，*magia*（魔法）最好的译法也许是"控制"（mastery）。践行魔法者被称为魔法师（magus），其目标是学习和控制内嵌于世界中的各种关联，以便出于实际目的对其进行操纵。再看看基歇尔的卷首插图。在左上角，自然魔法被列为一个知识分支，介于算术和医学之间。基歇尔用向日葵转向每天在天空中行进的太阳来象征它。（有几种植物显示出这种被称为**向日性**的行为。）为什么向日葵总是转向太阳，而大多数植物却不这样？显然，太阳与向日葵之间必定存在着某种特殊的关联。向日葵能够跟随太阳，这种能力为世界中隐秘的关联和力量提供了一个绝好例子，魔法师力图确认和控制的正是这些关联和力量。

中世纪的亚里士多德主义者将事物的性质分为两组。第一组是**明显性质**，即任何有感觉器官的人都能觉察的性质。热、冷、湿、干是首要性质。其他性质包括光滑、粗糙、黄、白、苦、咸、响亮、芳香等等所有激活感官的东西。毕竟，亚里士多德主义从根本上讲是一种常识性的与世界打交道的方式。亚里士多德主义者用这些明显性质来解释一个事物对另一个事物的作用，例如冰凉饮料之所以能够退烧是因为冷能够抵消热。但有些物体起作用的方式比较怪异，显示出一些无法解释的性质。这些物体被认为具有我们无法用感官觉察到的**隐秘性质**（*qualitates occultae*，常被误导地译为“神秘性质”）。这些性质常以非常特定的方式起作用，暗示特定事物与其作用对象之间存在着一种特殊的无形关联。中世纪的自然哲学家列出了一系列此类现象。一个典型的例子是磁铁。关于磁石（一种天然的磁性矿物），我们感觉不到任何东西能够解释它吸引铁的神秘能力。太阳与向日葵之间的表观吸引力、罗盘针指向北极星、鸦片的催眠作用、月亮对潮汐的影响以及其他许多事物也是如此。自然魔法便是要努力找出事物的这些隐秘性质及其效应并加以利用。

如何在自然中发现这些关联、这些“隐秘的结”呢？一种方法是近距离地观察这个世界。每个人都会同意，认真观察是科学研究的一个关键出发点；寻求自然魔法促进了这样的观察。同样重要的一种方法是发掘早期自然观察者的记录——古往今来各种文本记录中或平凡、或怪异的叙述和观察。因此，许多魔法都要基于对文本进行人文主义式的认真解读，通过搜集早期作者的说法而建立起复杂的网络。鉴于自然的无限多样性，雄心勃勃的魔法师的任务宏大得令人难以置信——几乎是为所有事物的属性进行编目。是否可能存在一种捷径？一些自然哲学家相信自然中包含着若干线索来引导魔法师，这些线索也许由一个仁慈的上帝植入自然，希望我们明白他的创造并从中获益。**征象学说**

（doctrine of signatures）声称，一些自然物被“签署”（signed）了显示其隐秘性质的迹象。这往往意味着两个有关联的物体看起来有些相似，或者有一些类似的特征；例如，向日葵不仅追随太阳，而且其颜色和形状也**类似于**太阳。植物的各个部分好似人体的各个部分；外壳中的核桃仁看起来很像颅骨中的大脑。这是否暗示着核桃补脑呢？魔法师固然要试验这些东西，但观察以及征象的观念为研究、解释和利用自然界提供了一个有益的出发点。

征象学说只是代表着近代早期无处不在的一种更广泛的类比思维模式的一个方面。现代人往往会把这些相似之处看成仅仅是巧合或偶然，或者看成“诗意的”，而不是物理的，但近代早期的许多人看待事物的方式却完全不同。他们**预料**世界的各个部分之间存在着类比关联，对他们来说，发现自然之中存在着一种类比或对称就意味着事物之间存在着一种实际关联。两个自然物之间的每一种类比绝非人类想象力的产物，而是标示出了创世蓝图中的又一条线，是上帝植入宇宙的一种隐秘关联的可见迹象。因此，类比论证所具有的特殊力量和明证性超出了我们今天的习惯看法。这种联系的确实性乃是基于一种不可动摇的信念，即相信宇宙不是随机或偶然的，而是充满着意义和目的的，它由神的智慧和意志以多种方式引导，最终是为了人类的利益。这种确定性以及随之而来的对类比推理的运用并非为那些对自然魔法感兴趣的人所独有，而是属于这一时期几乎**每一位**严肃的思想家。

运用直接观察、类比、权威文本和征象，近代早期思想家搜集了大量他们认为存在关联的事物。例如，还有什么可能关乎太阳与向日葵的关联？太阳是大宇宙的热源和生命之源，它在小宇宙中的对应部分必定是心脏。（再看看基歇尔的卷首插图——在代表小宇宙的人体的心脏位置有一个小太阳。）太阳是最高贵的天体，光辉夺目，呈现明亮的黄色，类似于矿藏中的黄金，并进而类似于所有黄色或金色的东西。在动物领域，太阳使公鸡打鸣，表明两者之间有一种特殊关联。狮子的黄褐色、百兽之王的地位以及类似于太阳的头部（狮子头上的鬃毛宛如太阳射线）似乎也与太阳有关联。同样，狮子的勇敢又对应于心脏。太阳、向日葵、心脏、黄金、黄色、公鸡和狮子都有某些共同特性，因而存在着实际却又隐秘的关联。在自然魔法的倡导者看来，可以把这些类比关联变成可利用的操作性关联。最实际的应用是把黄金或向日葵用作治疗心脏的药物——但我们将会看到，事情可能变得更富戏剧性。

究竟是什么东西把束缚在这些相似性网络之中的物体关联起来，人们对此有不同看法。但这些物体通常被认为是通过"共感"（sympathy）起作用，其字面意思是"一起遭受或一起接受作用"。考虑两张调好音的鲁特琴，分别位于房间两侧，拨动其中一张琴的弦，则另一张琴相应的弦将立即开始振动并发出嗡嗡声，与拨动第一张琴发出的声音相呼应。今天，我们仍然称这种现象为共振（sympathetic vibration）。对于近代早期思想家来说，这种现象体现了空间上分离的彼此"合调"的两种东西之间看不见的关联。有些人认为，空间上分离的东西之间要想传递作用必须通过介质；亚里士多德指出，如果没有一种居间的介质传递效果，一个物体就不可能作用于另一个有空间距离的物体。例如就琴弦而言，我们知道居间的空气传递着两个乐器之间的振动。对于其他共感作用，该介质可能是所谓的“世界精气”（*spiritus mundi*）——一种普遍的、渗透一切的、无形的或准有形的东西，通过把影响从一个物体传到另一个物体，它能使相距遥远的物体实质上彼此接触。这种“精气”并不是某种具有感知能力的超自然的东西，而是大宇宙中与小宇宙的“生命精气”等价的东西，“生命精气”是我们身体之中一种精细的东西，当我们的理智意识到有一辆两吨重的卡车正在加速向我们驶来时，“生命精气”经由神经将“快跑”的命令传到我们的脚。“世界精气”也类似地把“信号”从太阳传到向日葵，或者从月亮传到海水。大宇宙和小宇宙再次彼此映射，两者都包含着传递信号的精气。顺便提及，这种相似性也意味着大宇宙本身拥有某种灵魂——柏拉图在《蒂迈欧篇》中断言了这一点，现代人尤其难以理解——下一章我们会回到这一点。

从厨房到书房的实践“控制”

关于关联世界的自然魔法理论令人印象深刻，堪称优雅和美妙，但自然魔法的关键特征在于实际应用。近代早期魔法的实践部分既有平常的也有崇高的，前者往往没有任何理论基础。德拉·波塔（1535—1615）的《自然魔法》一书便是一个很好的例子。德拉·波塔因为在那不勒斯建立了最早的科学社团——秘密学院——和身为猞猁学院的一员而闻名，猞猁学院是17世纪初的科学社团，伽利略即为其中一员。德拉·波塔《自然魔法》的第一章概括了一个内在关联的世界的原理，并指出魔法为何“是对整个自然进程的考察”以及“自然哲学的实践部分”。他建议读者“对事物进行大力探究；既要积极认真研究，又必须耐心等待。……必须不遗余力地做事，因为自然的奥秘不可能透露给懒惰的闲人”。德拉·波塔的书的其余部分所揭示的实际自然奥秘的确包括对磁学和光学的考察，但该书的大部分内容却是各种秘方和诀窍，从制作人造宝石和烟花爆竹，到动植物育种，再到关于制作香料、烤肉、水果保鲜等等的家用建议，其中没有任何东西利用了关于世界的理论观念。德拉·波塔的书符合一种“秘密之书”的传统，这种传统在整个16和17世纪变得越来越流行，而这些“秘密之书”中有一部分直到19世纪还被重印。许多此类书籍都是先来阐述关于宇宙的宏大而崇高的观念，但主要内容是家庭管理或家庭手工业的诀窍，并不包含或几乎不包含关于世界本性的内容。

菲奇诺（1433—1499）处于该阶梯的崇高一端，他将世界关联性的实际应用体现在生活方式和仪式中。菲奇诺经常抱怨自己的忧郁气质，他也许深受我们现在所谓的忧郁症之苦。当时的医学认为，黑胆汁——保持平衡才能维持健康的四种“体液”之一——如果占优势就会导致忧郁。事实上，表示黑胆汁的希腊词 *melaina chole* 正是“忧郁”（melancholy）一词的来源。（同样，被称为多血质、胆汁质和黏液质的性情分别缘于其他三种体液——

血液、黄胆汁和黏液——占优势；见第五章。）菲奇诺研究了学术生活与忧郁之间的关联，建议其知识同道改变生活方式以解决问题。菲奇诺制定了一份食谱和药用补品清单，以防体内形成过多的黑胆汁，他的《论从天界获得生命》一文提出用天界的影响来应对这种职业病对学者的危害。

医生认为黑胆汁有冷和干这两种明显性质。土星拥有这些性质，从而与黑胆汁有一种共感关联。因此，任何与黑胆汁和土星相似的东西都要避免。太阳（热—干）和木星（热—湿）的相反性质抵消了黑胆汁的冷—干，因此通过类比扩展，任何与太阳和木星相似的东西都可能有助于缓解学术忧郁。[我们的“快乐”（jovial）一词的字面意思是“与木星有关的”，即显示出这种推理在我们的语言中是多么根深蒂固和得到承认]。因此，为了利用与太阳的共感关联，这位佛罗伦萨人文主义者建议穿黄色和金色的衣服，用向日性的花来装饰房间，获得充足的阳光，佩戴黄金和红宝石，吃“日光”食物和香料（如番红花和肉桂），聆听和歌唱和谐庄严的音乐，焚烧没药和乳香，适度饮酒。然而，当他还建议以古代新柏拉图主义者普罗提诺和扬布里柯为榜样——他将他们的作品从希腊文译成了拉丁文——制作图像来吸引和捕捉行星的力量时，一些读者认为这就有些过分了；对于一个被授以圣职的罗马天主教神父来说，这样做是相当可疑的。事实上，可以把菲奇诺理解成在这一点上跨越了界限，从**自然**魔法步入了**精神**魔法，虽然他很可能对这种解释表示异议。自然魔法运用隐藏于自然中的共感，而精神魔法则求助于精神性的存在——异教希腊哲学中的精灵和诸神，或者基督教神学中的魔鬼和天使。自然魔法不会招致反对，而精神魔法（非常合理地）招致了神学家的谴责。人们针对菲奇诺的正统性提出了一些质疑，但似乎没有采取任何行动，因为可以把这些仪式理解成完全是物理的和药用的，因此完全可以接受。例如，一个多世纪以后，多明我会修士托马索·康帕内拉和教皇乌尔班八世用一场灯火、色彩、气味和声音的仪式（与菲奇诺的处方不无相似之处），来抵消日食期间因暂时失去健康的太阳影响而可能产生的任何不良影响——曾有人预言这次日食会导致教皇死亡。教皇活了下来。虽然在预想的操作中该魔法是自然魔法，但一些旁观者的确认为这样的应用是可疑的。

现如今，对自然魔法的应用以及整个关于共感和类比的内在关联的世界这一观念有时会被斥为非理性或迷信。这种严厉判决是错误的。它源于某种自鸣得意的傲慢和历史认识的匮乏。我们的前人所做的，是对看起来类似的各种神秘自然现象作出观察，并由此将世界中的各种关联和作用传递推广为一种更普遍的说法——一种自然法则。这种推广导出了他们坚持而我们不认同的一个信条，即那些相似或类似的物体正在静静地彼此施加影响。一旦作出这样的假设，体系的剩余部分就可以在此基础上合理地建立起来。他们试图理解世界，试图理解事物并利用自然的力量。他们将观察或叙述的事例归纳成一般原则，然后演绎出其推论和应用。我们也许会说（因为我们知道更新的研究），太阳与向日葵，月亮与大海，或者磁与铁之间的作用，可以不通过隐秘的共感之结而得到更好的解释。但我们并不能说他们的方法或结论是非理性的，或者由此产生的信念和做法是“迷信”。如果允许做这样的跳跃，那么在我们理解世界的过程中最终未被接受的每一种科学理论——无疑包括我们今天相信是对现象的正确解释的一些事物——都将被判定为非理性和迷信，而不单纯是在当时既定的观念、观点和信息条件下通过理性方式得出的**错误**想法。

科学研究的宗教动机

自然魔法只是最强有力地表达了关联的世界、大宇宙和小宇宙以及相似性的力量这些广泛持有的观念。而同样类型的关联和思想往往隐含在从未强调自然魔法的自然哲学家的工作中。例如，当时每一位思想家都确信人、神与自然界之间存在着密切的关联，并因此确信神学真理与科学真理的内在关联。这种特征引出了科学与神学/宗教这一复杂论题。为了理解近代早期的自然哲学，有必要摆脱几种常见的现代假设和偏见。首先，几乎每一个欧洲人，当然也包括本书所提到的每一位科学思想家，都信仰并践行基督教。认为科学研究（无论是否现代）都需要一种无神论——或者美其名曰“怀疑论”——观点，这是那些希望科学本身成为一种宗教的人（他们通常亲自担任圣职）在20世纪提出的一则神话。其次，对于近代早期的人而言，基督教教义并非意见或个人选择，而是自然事实或历史事实。不同教派就更高级的神学观点或仪式活动显然存在着争执，就像今天的科学家就细节进行争论而不去质疑重力的实在性、原子的存在性或者科学事业的有效性一样。神学从未降格为“个人信念”；和今天的科学一样，神学既是一些经过商定的事实，又是对关于存在的真理的不断追寻。其结果是，神学信条被认为是近代早期自然哲学家进行研究所必备的数据集的一部分。因此，神学思想在科学研究和思辨中发挥了重要作用——不是作为外部“影响”，而是自然哲学家正在研究的世界的不可分割的组成部分，需要认真对待。

今天，许多人都会默认那个在19世纪末炮制出来的流传甚广的神话，即“科学家”与“宗教人士”之间进行着一场可歌可泣的斗争。尽管双方的一些成员仍在通过今天的行为不幸地延续着这个神话，但每一位现代科学史家都已经拒斥了这种“冲突”模式，因为它并未反映历史的真实情况。在16和17世纪以及中世纪，并没有一个“科学家”阵营在奋力摆脱“宗教人士”的镇压，这些不同阵营根本就不存在。关于压迫和冲突的流行故事充其量是过度简化或夸张，在最坏的情况下则是毫无根据地捏造（见讨论伽利略的第三章）。相反，自然研究者本人都笃信宗教，许多神职人员也是自然研究者。神学研究与科学研究之间的关联部分地基于“两本大书”的想法。圣奥古斯丁和其他早期基督教作家阐述了这种想法，认为上帝以两种不同方式向人类显示自己——一是启示人写出《圣经》，二是创造这个世界即“自然之书”。和《圣经》一样，我们周围的世界是需要进行解读的神圣讯息，敏锐的读者通过研究受造世界可以远为深入地了解造物主。这种深植于正统基督教之中的想法意味着对世界的研究本身就可以是一种宗教行为。例如，罗伯特·波义耳就认为他的科学研究是一种宗教献身（因此特别适合在周日进行），自然哲学家可以通过沉思上帝的创造而增进对上帝的认识和察觉。波义耳把自然哲学家描述成“自然的牧师”，其职责就是阐述和解释书写在自然之书中的讯息，收集和表达所有被造物对其创造者的无声赞美。

总之，近代早期的人——以不同方式——看到了一个内在关联的世界，其中一切事物（人类、上帝以及所有知识分支）由千丝万缕的联系构成一个整体。在某些方面，也许可以把生态学和环境科学的新近发展，看成在一定程度上恢复了近代早期自然哲学家在其世界中设想的那个看不见的相互依存网络。无论如何，近代早期的思想家和中世纪先辈一样，凝望着一个充满关联的世界，一个富于目的和意义，饱含神秘、奇迹和许诺的世界。

第三章

月上世界

近代以前，天界依其字面含义差不多占据了人们日常世界的一半。任何人都不可能对天和天的运动视而不见。虽然现代科学对天界运行的解释比过去更好，但现代技术的运用却使大多数人不再能够亲眼看到夜空的运行、感受天界的存在并赞叹它的美，这显得讽刺而有悲剧意味。今人要想像先人那样看到绚丽的夜空，就必须远离光污染和工业污染。早在文字发明很久以前，古人就对天的运动有所认识。然而，解释这些运动却耗费了18世纪之前诸多敏锐天才的心力。对天界隐秘结构的逐步揭示是科学革命的一种关键叙事。那个时代最著名的名字——哥白尼、开普勒、伽利略、牛顿——都是这一叙事中最重要的人物。事实上，在很长一段时间里，天文学的发展代表着科学革命时期的**唯一**叙事，并且是这一时期被称为“革命”的主要原因。

一个生活在公元1500年左右的有识之士会认为，宇宙分为两个区域：**月下世界**包含了从地球到月球以下的一切，**月上世界**则包含了月球及其上面的一切。这一划分出自亚里士多德，他基于日常观察区分了不变的天界和变动不居的地界。在月下世界，土、水、气、火四元素不断地结合、分解和重新结合；新的事物产生，旧的事物消亡。月上世界的情况则完全不同，它是一个不变的区域。在亚里士多德之前数个世纪，观星者看到行星和恒星所走的路径具有完美的规则性。这种变化的缺乏使亚里士多德认为，月上世界由一种同质的东西所构成，即被他称为**以太**的第五种元素，后来的作者称之为第五元素。以太是纯净的基本元素，既不会变化，也不会分解。

观测背景

希腊人开创了一项长远的事业：从物理和数学两方面**解释**天界的运动。这些运动要比今天大多数人所认为的更加复杂和有秩序。每个人都熟知天体的每日升落。天界的一切星体——太阳、月球、行星、恒星——每天升落一次，自东向西穿越天穹。天界的其他运动则要求更加耐心的观测。恒星之所以被称为"恒星"，是因为它们并不相对于彼此运动，而且每隔不到二十四小时就会回到天空中的同一位置。这就意味着，每颗恒星每晚都比前一晚早升起来一段时间（约四分钟）；因此，你如果在每晚的同一时间观察天空，就会发现，诸星座每晚都会沿着巨大的圆弧缓慢运转；假如你在北半球，这些圆弧的圆心就是那颗永不移动的星——北极星，它位于小熊座的尾端。要想在夜晚的同一时刻看到恒星又回到原先的位置，就得等上一年。由此给人留下的印象是，恒星镶嵌在一个巨大的球壳上，该球壳每隔二十三小时五十六分钟绕地球旋转一周。

太阳运行得更慢一些，绕行一周需要整整二十四小时，这意味着它每天都要改变与恒星的相对位置，**相对于恒星背景自西向东**缓慢运行，需要一年时间才能回到同一颗星的附近。月球的运动与此类似，但要明显得多。它每晚比前一晚**迟**升起五十分钟，因此你如果接连几晚在同一时间寻找它，就会发现它每晚都向东走了一段距离（不妨试试！）。二十九天后，月球又回到了初始位置。行星的运行也大同小异，但路径更为曲折怪异，这强烈吸引着人们去寻求解释。在大多数时间里，行星就像太阳和月球一样，相对于恒星背景自西向东缓慢移动。但每隔一段时间，行星就会慢下来，停住不动，转而朝相反方向自东向西运行。这种现象被称为**逆行**。再过一段时间，行星再度停下来，掉转方向继续常规的运动。

古希腊人把太阳、月球、水星、金星、火星、木星和土星这七个看起来相对于固定的恒星背景移动的天体称为“行星”（意思是“漫游者”）。但行星不会漫游得太远，它们的运动局限在天上狭窄的黄道带中。黄道被分为等长的十二段，每一段都包含一个星座或“宫”，比如白羊座、金牛座、双子座等等。于是，随着诸行星相对于恒星背景做各自的运动，它们就好像沿着黄道带从一个宫运行到下一个宫。一个人所属的“宫”就是他出生那天太阳“所在”的黄道宫。我们很快会讨论更多有关占星学的内容。

历史背景

柏拉图确信，天界是按照和谐的数学法则运行的。他的灵感来自毕达哥拉斯学派的观点，该学派是一个秘密宗教团体，认为数学——数、几何图形、比例与和谐——同时是宇宙和有序生活的真正基础。对于柏拉图和近代以前受他影响的人而言，造物主是一位几何学家。然而，行星的不规则运动似乎与一个有序数学世界的观念相悖。因此柏拉图声称，行星的运动仅仅**看上去**是不规则的，我们凭借肉眼无法看到其背后的神圣规律。由于柏拉图认为圆是最为完美和规则的形状，圆周运动是无始无终的从而是永恒的，因此他要他的学生用**匀速圆周运动**的组合来解释行星的可见运动。这一要求启发着两千多年来的天文学家。

柏拉图的学生欧多克斯提出了一种宇宙模型，它由以地球为中心的一系列同心球（宛如一层层洋葱皮）所组成。每个天球匀速旋转，但每颗行星都会获得若干天球的运动，这些运动组合起来（大致）就是行星的视运动。欧多克斯体系是一个**数学**模型。他并不关心天界在物理上如何运作，也不在乎天球是否真的存在，关键是用数学来说明现象。而亚里士多德则试图建立一个**物理**模型。他把欧多克斯的天球变成了实在的坚固物体，这些天球实际携带着行星旋转；他还解释了运动如何像天界机械装置的齿轮一样从一个天球传到下一个天球。亚里士多德的功绩在于将天文学和物理学和谐地结合起来（图2）。

同心球模型的问题在于不能精确地解释天文观测，例如行星的亮度会发生变化，就好像它们时近时远，四季长度也不尽相同。这一切都无法用以地球为中心的同心球模型来解释（图3）。

后来的天文学家试图解决这些问题，其顶峰是托勒密（约90—约168）的体系。为了解决季节不等的问题，托勒密引入了**偏心圆**：也就是说，他把地球移出了中心。在他的体系中，每一个

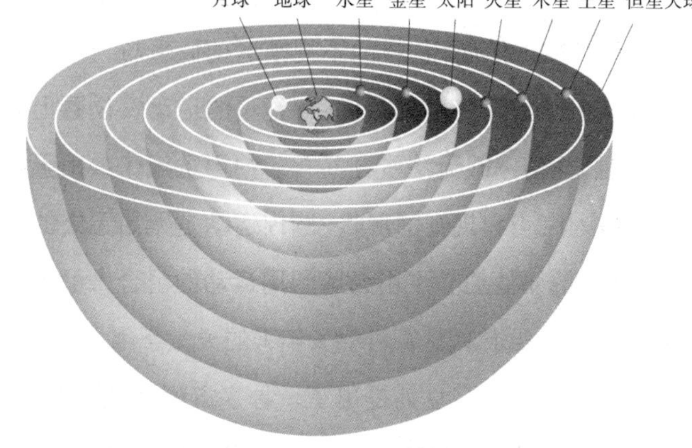

图2　亚里士多德同心球模型简化版本的剖面图

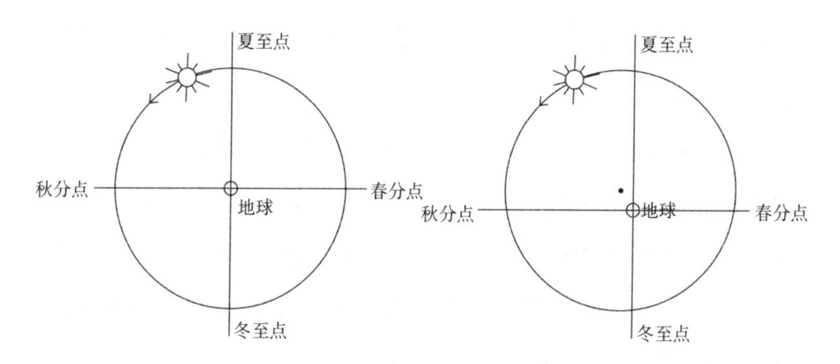

图3　（左图）假如地球位于太阳天球的中心，太阳的周年视运动将被分成四段等长的弧，使四季等长。但事实上夏天比冬天更长；（右图）托勒密的偏心地球模型将太阳的轨道分成四段不等的弧，对应于长度不等的四季。这种安排还解释了为什么太阳在夏天似乎移动得更慢：因为那时太阳离地球更远

天球都有自己的中心，其中没有一个与地球重合。

为了更好地说明行星的位置并解决行星亮度变化的问题，托勒密引入了**本轮**（图4）。每颗行星都沿一个小的圆形轨道运行，

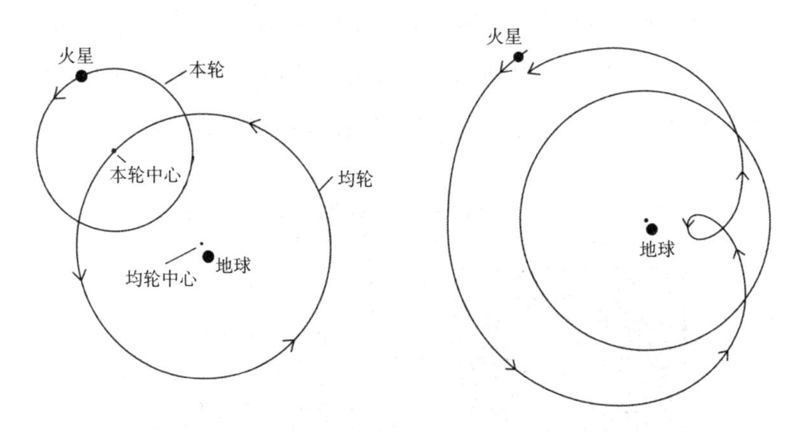

图4 （左图）托勒密为行星设计的本轮和均轮。行星在本轮上（从地球的北极俯视）逆时针运行，同时本轮在均轮上也做逆时针运动；（右图）由本轮和均轮运动合成的行星视运动。行星位于均轮外侧时显得暗一些，并且自西向东运行；行星位于内侧时因为更近而显得亮一些，最靠近地球时会自东向西运行（逆行）

轨道中心在一个环绕地球的大圆（均轮）上运动。本轮和均轮的运动组合极好地解释了行星表观的环圈路径，行星在运动过程中有时会靠近地球，因而显得更亮。

托勒密体系能够很好地预言行星的位置，但它更多地是一个数学模型而非物理模型。亚里士多德物理学认为重物会落向宇宙的中心，因此球形的地球位于宇宙中心，重物会下落。但托勒密模型中的地球不在中心，它为什么不会移向中心呢？重物为什么会落向宇宙中心之外的某个地方？数学模型与物理体系之间的这种不一致困扰着中世纪的阿拉伯学者，而在当时的欧洲，亚里士多德和托勒密的工作还不为人知。伊本·海塞姆（或称阿尔哈增，约965—1040）采取了一个折衷方案。他的体系含有以地球为中心的天球，这会使物理学家感到满意。但这些天球坚实而有厚度，足以容纳不以地球为中心的环状通道，行星在这些环状通道中沿着本轮和均轮运行，从而解释了观测到的现象（图5）。

THEORICAE NOVAE PLANETARVM GEORGII
PVRBACHII ASTRONOMI CELEBRATISS.

DE SOLE

Ol habet tres orbes a se iuicē omniquaq; diuisos atq; sibi cōtiguos Quorꝫ supræ/mus secūdū superficiē conuexā est mūdo cōcentricus: secūdū cōcauā aūt eccētricus Infimns uero secūdū cōcauā cōcentric⁹: sed secūdū conuexā eccētric⁹ Tertius aūt i horꝫ medio locatus tam secūdū super/ficiem suā conuexā ꝙ concauā est mūdo eccentric⁹. Dicit᷑ aūt mūdo cōcētric⁹ or/

THEORICA ORBIVM SOLIS.

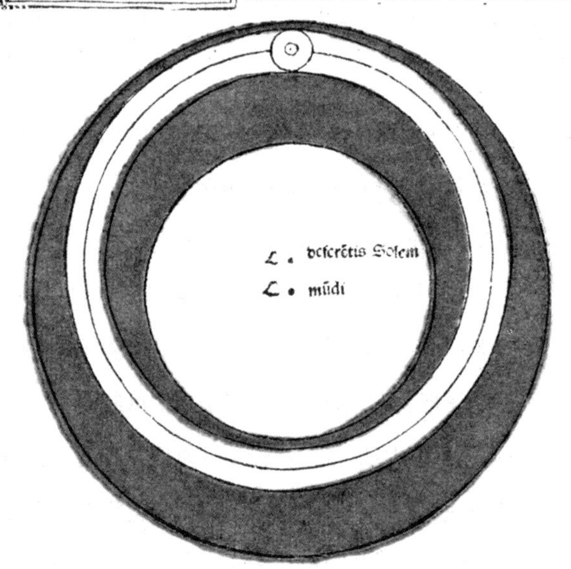

图5　普尔巴赫所普及的对伊本·海塞姆有厚度的天球模型的改进，它进入了15世纪的天文学标准教科书——萨克罗博斯科的《天球论》及后来的版本。该图取自1488年的威尼斯版，描绘的是太阳天球

中世纪的欧洲天文学家继承了这些观念和问题，和他们的阿拉伯同行一样继续完善和更新这一体系，以求最精确地预言行星的位置，偶尔也会试图构建一个在物理上令人满意的体系。

近代早期的天文学模型

尼古拉·哥白尼（1473—1543）一生中的大部分时间都在担任弗劳恩堡（今波兰境内的弗龙堡）大教堂的教士，这是一个行政性质的圣职。他曾在博洛尼亚大学学习教会法，在帕多瓦大学学习医学，1503年在费拉拉大学获得法学博士学位。在博洛尼亚期间，哥白尼开始研究天文学，到了1514年左右，他写了一份思想概要，声称行星系统的中心不是地球，而是太阳。在他的**日心**体系中，地球每日绕轴自转一周，这产生了人们所熟悉的一种表象，即整个宇宙绕地球旋转。太阳沿黄道的运动实则是一种假象，其真正原因是地球的绕日运动。观察所见的火星、木星、土星的“环圈路径”和逆行并非缘于它们自身的运动，而是缘于**我们**地球的运动**与它们**各自绕日运动的叠加（图6）。只有月球是绕地球运转的。

哥白尼的工作以手稿形式流传，这足以确立他作为天文学家的声誉。1515年，教会的一个委员会希望改革从罗马时代沿用下来、需要彻底改变的旧儒略历，于是写信征求哥白尼的意见。（哥白尼回复说，首先需要更加精确地确定太阳年的长度。）然而，哥白尼并未发表自己对天文学体系的完整阐述。在超过二十五年的时间里，他一直在完善该体系，要不是几位显要的教士催促他，其成果可能永远都不会发表。例如，1533年，教皇的私人秘书维

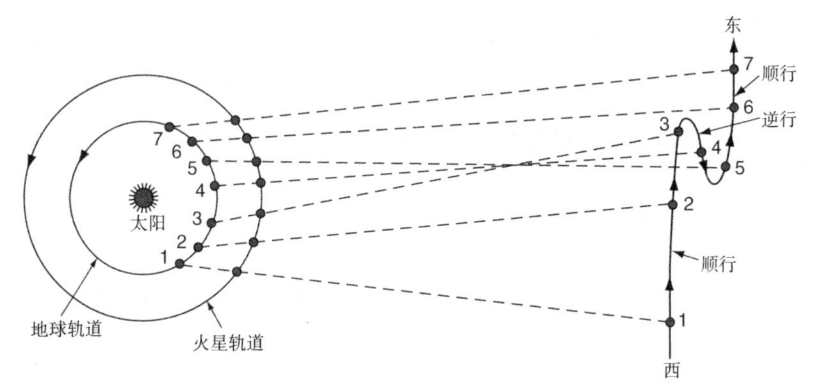

图6　哥白尼对某颗“更高的”行星即外行星（火星、木星、土星）逆行运动的解释。当地球行经其中一颗外行星时，就会造成“环圈路径”的假象

德曼施泰特讲述了哥白尼体系，教皇克雷芒七世和一些红衣主教听后甚为高兴。卡普亚的红衣主教舍恩贝格写信给哥白尼：

> 我听说您主张地球在运动；太阳的位置最低，因而是宇宙的中心……还听说您为这一整套天文学体系给出了说明……因此我强烈恳请您让学界知晓您的发现。

然而哥白尼依旧含糊其词，忙于大教堂教士的职守，表示害怕别人批评他的体系过于新颖。

1538年，维滕贝格大学的梅兰希顿派年轻的天文学教授格奥格·约阿希姆·雷蒂库斯来哥白尼这里学习。雷蒂库斯编写发表了一份哥白尼思想的概要，反响很好，哥白尼终于同意发表其完整的手稿，并交由雷蒂库斯出版。雷蒂库斯接手了这项任务，但不久以后他在莱比锡找到了一份工作，遂把出版之事交由路德教牧师奥西安德尔负责。奥西安德尔完成了出版工作，《天球运行论》终于在1543年问世——哥白尼在临终前看到了这本书。

该书的问世并没有招来哥白尼担心的那种批评。不少人读了它，但几乎没有人真正相信。直到16世纪末，坚定的哥白尼主义者可能不过十几人。这是为什么？因为哥白尼的日心体系并不比地心体系更好地符合观测数据，在物理上也没有更简单。事实上，为了让他的体系与观测相符，哥白尼不得不保留本轮，并且让太阳偏离中心。更严重的是，地球运动的观念与基本物理学、常识乃至可能与《圣经》相抵触。像地球这样的天体自然会落到最低处，即宇宙的中心——这一“自然位置”原理解释了重物为什么会下落。那么，整个地球如何可能悬在离中心这么远的地方呢？常识表明我们并没有在运动。为了每天转一圈，地球必须转得很快，但我们对这种运动浑然不觉，飞鸟和云朵也没有因为地球在其下方高速旋转而落在后面。一些中世纪思想家曾经探讨过地球旋转的可能。尼古拉·奥雷姆（约1325—1382）断言，所有运动都是相对的，如果没有参照点就不可能确定究竟是地球在旋转还是天在旋转。他最后总结称，地球静止而天界运动似乎更有可能。不少对《圣经》作字面解读的人会援引那些说地球静止而太阳运动的段落，尽管解释各不相同。最后，假如地球绕太阳运转，恒星应当有视差——随着地球从轨道的一侧转到另一侧，恒星的相对视位置应当有微小的改变。但在当时，人们从未观测到视差，这就表明，要么地球**不在**运动，要么那些恒星远得**无法想象**。13世纪时，诺瓦拉的康帕努斯估计土星天球（恒星就在这层天球上方）的高度约为七千三百万英里，即使是游历最广的中世纪人也会对这一距离感到震惊。哥白尼估计土星天球的高度约为四千万英里，但是根据后来的计算，恒星和我们的距离至少要有一千五百亿英里，才会观测不到恒星视差。如此广袤的虚空在哥白尼时代的读者看来是荒谬绝伦的。（事实上，连最近恒星的距离也是由观测不到恒星视差所最保守估算的距离的一百七十倍。恒星视差直到1838年才被发现。）

即使没有观测上的证据，也有几个因素能使哥白尼确信日心说。在致教皇保罗三世的献词中，哥白尼把托勒密体系，包括其偏心圆、本轮和对每颗行星的单独处理，说成是一个“怪物”。既然世界“由最高超且最有条理的工匠所造”，它理应是和谐的。作为人文主义者的哥白尼认为自己是在清理后来的“添加”，以回到柏拉图关于揭示井然有序的天界运动的原初召唤。由于担心自己的体系过于“新颖”，哥白尼通过援引古代的先驱——阿里斯塔克、毕达哥拉斯以及西塞罗所提到的希克塔斯——来尽可能地减少显示出来的新颖性；哥白尼甚至对《圣经》中的某些段落作了重新阐释以支持日心说。

然而，人们完全可以在欣赏哥白尼体系的同时又并不相信其真实性。在日心体系中，确定行星位置的星表更容易计算；因此，一些天文学家把它当作一种“方便的虚构”而加以接受。哥白尼本人将日心说视为对世界的真实描述，但奥西安德尔在哥白尼的书中偷偷加入了一篇（未署名的）序言，从而削弱了它的效力。奥西安德尔写道，我们“对行星运动的真正原因一无所知”，而且：

> 这些假说无须为真，甚至也并不一定是可能的；只要它们能够提供一套与观测相符的计算方法，那就足够了……谁也不要指望能从天文学中得到任何确定的东西，因为天文学提供不出这样的东西。他也不该把为了其他目的而提出的想法当作真理，以便在离开这项研究时比刚刚开始进行研究时更为愚蠢。

即使哥白尼当时没有中风，他读到奥西安德尔的序言时多半也会中风。雷蒂库斯大为光火，把自己书上奥西安德尔的序言撕掉了。数学模型与物理体系之间的张力又一次展现出来。多数天文学家主要对行星在某一时刻处于哪个位置感兴趣；至于究竟是太阳绕地球转，还是地球绕太阳转，这根本无关紧要，许多人怀疑是否真的有人能够确定何者为正确。对于天文学理论而言，只要能正确地计算出行星的位置、给出星表，这就够了。对于大多数人而言，实际结果比理论更重要。要想理解这一点，我们需要意识到，早在托勒密时代之前，天文学研究背后的主要驱动力就一直是占星学，而占星学是很实际的，需要计算出行星在多年以前或多年以后精确到分的位置。

实践天文学或占星学

天文学（字面意思是“星体的法则”）测量和计算天体的位置，并提出假说性的宇宙论体系；而占星学（字面意思是“对星体的研究”，与地质学、生物学等类似）则致力于解释和预言天体对地界的影响。一般来说，这两项事业——前者是理论的，后者是实践的——是由同一批人从事的。近代早期的许多天文学家都主要以从事占星学为生。不要把古代、中世纪或近代早期的占星学与“报纸上根据天宫图算命”的无稽之谈混淆起来。占星学是一项严肃而精深的活动，其基本想法是天体会对地界产生某些影响——这是关联世界观的关键一环。中世纪和近代早期的大多数占星学并不是“魔法的”、超自然的或非理性的，而是依赖于作为世界组织方式之一部分的自然机制。既然光能从行星传到我们这里，为什么不能有一些别的影响伴着光传来，就像火光也能加热远处的物体一样？天界对地界的影响很容易观察到——月球与潮汐相关联，太阳在黄道上的位置决定了季节气候。对人体的影响也同样明显，例如月球周期与人的月经同步。天界影响的真实性十分明显，甚至毋庸置疑；有关占星学的诸多争论其实涉及的是这些影响的程度，以及如何准确预测其效果。七颗行星时刻改变着彼此的相对位置（“星位”），在黄道十二星座（这些星座自身也在不停地穿越十二个“宫”，即相对于地平线的位置）之间往来穿梭，来自这七颗行星的交叉影响形成了一个极为复杂的系统。这一系列征象与禁忌、已知与未知，其复杂性完全不亚于如今人们对全球气候变化因素的探究或是对未来经济走向的预测。与后者相比，近代早期占星学家的成功率或许还会高一些。

占星学包括几个相互交叠的分支。气象占星学致力于预测来年的天气。许多从业者往往被径直称为“数学家”，这表明占星学需要计算；这些人以编写历书为生，书中包含了历法、月球周期、日月食的时间、对天气的预测（就像今天的《农民历书》一样）以及对重要事件或趋势的预言。印刷术使占星学作品变得廉价易得，传播广泛。医生们借助医学占星学来确定治疗过程的关键时间，并提出疾病的可能病因（见第五章）。本命占星学依据一个人的出生地点和出生时的行星位置来确定行星“印入”新生儿的影响。行星影响的特定组合会在体液系统中产生独特或天生的“体质”，这导致了特殊的倾向和特征。这些倾向（易于罹患某些疾病、发怒、懒惰或忧郁等等）可能因为后来的行星排列而暂时加强。因此，这种占星学旨在获知一个人天生的体质，以了解其特殊的长处和弱点，提醒注意可能发生危险或有益健康的时间。这种活动的更强形式渐渐变为一种神判占星学，其决定论色彩（即认为星体的影响支配着我们的行为和命运）令人无法接受，因而广受批评。神学家们谴责这种观念违背了人的自由意志。近代早期学术界的共识是，“星体影响但并不强迫”我们，“有智慧的人支配星体”（*sapiens dominatur astris*）。简而言之，人总能选择行动，尽管完全自由地行使意志可能受制于外部影响（例如，火星的特定位置导致体液失衡，进而使人一时冲动，理性能力减弱）。事实上，近代早期的占星学与现代的“先天本性与后天培育”之争有类似之处，它们都试图去解释人的行为。具有讽刺意味的是，其显著差异在于，现代人似乎忘记了自由意志的首要性。

神判占星学有时被用来确定重大事件的良辰吉日。数学家兼魔法师约翰·迪伊（1527—1608/1609）使用占星学为伊丽莎白一世选择加冕吉日。最早的科学社团之一猞猁学院的成立日期是根据天宫图选定的，新的罗马圣彼得教堂的奠基日也是如此。有时，根据占星学选择日期并不是要获得什么有利的“影响”，而是要为事件增添意义，一如美国科学家特意让火星探测器在美国独立日那天着陆。神判占星学还被用来预言未来的事件，比如战争和死亡，这潜在地远离了**自然**因果性，而后者正是近代早期学术占星学的基础。要想解决这个问题，可以把一些天象（尤其是彗星）看成**征兆**而非**原因**，当作神所传达的有关未来之事的迹象。对天界征兆的兴趣在新教盛行的北欧更加明显，这部分是由于梅兰希顿为萨克罗博斯科《天球论》（一本天文学基础教材）的新教版本所作的一篇序言。他在序言中强调了占星学对于理解上帝在天界中的迹象的重要性。总之，各种类型的占星学为更好的生活提供了有用信息；它在近代早期思想中无处不在，这表明月上世界的确是人们日常世界的一半。

天界变化与神圣和谐

伴随着对天界征兆的占星学兴趣，丹麦的贵族天文学家第谷·布拉赫（1546—1601）首次登场。1572年11月，他发现了仙后座有一个明亮物体，而那里本该什么也没有。第谷惊讶不已——那个物体是什么，意味着什么？第谷在1573年的占星历书中试图作出解释，断言它预示着即将到来的骚乱和动荡。第谷观察这个明亮的光点，它并不像彗星那样会移动。第谷和其他欧洲天文学家试图测量它的周日视差，希望由此推算出它的距离，但他们并没有观测到视差，这意味着此物体比月球远得多，亦即处于月上世界——人们一向认为这个世界是没有变化的，但它却是一颗**新**星。[第谷看到的是一颗超新星；那次猛烈爆发的不断膨胀的残留部分在1952年被探明。“新”（nova）来自第谷用来指该星体的拉丁词——新星（*stella nova*）。]

不久以后的1577年，天空中出现了一颗明亮的彗星。亚里士多德曾经教导说，彗星和流星一样是月下世界的现象，源自上层大气中散发的可燃物的燃烧。彗星是游移变化之物，不可能处于不变的月上世界。第谷在占星学上断言，1577年的彗星显示了与那颗新星相同的预兆，但这一次他观测到了彗星的周日视差。第谷的观测结果得到了他人确证，该结果表明这颗彗星位于远在月球之上的金星天球。1585年，当另一颗明亮的彗星出现时，第谷给出了相同的观测结果。这些彗星进一步表明，“不变的”天界存在着变化，彗星的位置变化则表明它们正在**穿越**行星天球，这意味着带着行星运动的坚实天球并不存在。那么，是什么使行星沿着规则的路径运行呢？行星如何能够摆脱坚实的天球，这着实令人困惑，但它意味着天体的路径能够彼此交叉，这使第谷设计出一个新的天界体系，将其观测结果与托勒密和哥白尼体系中的精华部分结合起来，同时又避免了两者之中招致非议的部分。在第谷的**地日心**体系中，地球如常识和《圣经》所指示的那样静止于宇宙的中心，月球则围绕地球运转。而行星则围绕太阳运转，太阳带着诸行星围绕地球运转。

第谷在丹麦海峡的汶岛上建造了城堡式的天文台——天

堡，在那里继续观测天空，其准确程度前无古人。此时，约翰内斯·开普勒（1571—1630）这位坚定的哥白尼主义者正在写下自己的惊人发现。16世纪90年代，开普勒在格拉茨的一所高中教书时苦苦思索着现代科学家根本不会去问的一个问题。在哥白尼体系中，围绕太阳运转的行星只有六颗，而不再是围绕地球运转的七颗。而假如有七颗行星，它们就能与一周的七天、七种已知金属、音阶的七个音以及世界上所有其他重要的“七”很好地相合。七颗行星有一种美妙的和谐，适合于一个相互关联的世界；而六颗行星就不行。那么为什么有且仅有六颗行星？上帝又为什么恰好将它们置于如今那么远的距离呢？近代早期的世界中充满了意义与目的，其中一切事物都有某种讯息需要解读。

开普勒在1595年7月19日的课堂上突然意识到，假如在圆内作一个内接正多边形（如正三角形、正方形、正五边形等等），再在这个正多边形内作一个内切圆，那么我们就得到了两个圆，其相对大小是由正多边形的种类决定的。兴奋不已的开普勒开始计算由不同正多边形所决定的比值，看其中是否有某个比值与行星到太阳的距离之比相符合。但他失败了。不屈不挠的开普勒又用球体和正多面体代替了圆和正多边形。这一次，通过将球体和正多面体以适当顺序套起来，开普勒得出，球体的相对大小符合哥白尼理论所给出的行星到太阳的相对距离。不仅如此，由于正多面体（所有面全等的五种所谓的柏拉图立体，即正四面体、立方体、正八面体、正十二面体和正二十面体）只有五种，因此被它们隔开的球体**有且只有六个**，从而行星的数目不多不少就是**六**

颗。对于开普勒而言，这一发现令人敬畏。他找到了行星数目和距离何以如此的原因，揭示了天界的几何结构，其优雅和美正是哥白尼体系的最佳证明。这一惊人关联不可能出于偶然；开普勒发现了上帝创造天界时所使用的数学方案。

开普勒例证了近代早期典型的人类探索的统一性。神学研究与科学研究并不截然分离：研究物理世界意味着研究上帝的创造物，研究上帝则意味着了解世界。其实，开普勒之所以确信哥白尼的学说，部分是因为日心宇宙为三位一体提供了物理上的对应：位于中心的太阳象征圣父，接收和反射太阳光的恒星天球象征圣子，两者之间充满光的空间则象征圣灵（在神学上代表圣父和圣子之间的爱）。开普勒及其同时代人援引自然之书和《圣经》这两本大书的观念，确信上帝在创造的世界中植入了有待人们发现的讯息。于是，在自然之书中解读出讯息这一神学动机为整个近代早期的科学研究提供了最大的驱动力。

开普勒在《宇宙的神秘》（1596）一书中宣布了他的发现，并且给第谷·布拉赫寄了一本。第谷邀请开普勒与之合作，开普勒起初谢绝了，但在第谷到鲁道夫二世皇帝在布拉格的宫廷担任皇家顾问之后，开普勒于1600年投奔了他。第谷于次年去世，鲁道夫二世让开普勒接任皇家数学家一职。第谷曾让开普勒研究火星的运动，开普勒长期竭力寻找一条与第谷的观测结果相符的轨道，最终得出了一个惊人的结论。他发现，只有让火星沿着**椭圆**形轨道而不是圆形轨道运行，火星的位置才能得到最好的解释。这样一来，开普勒不得不无奈地与两千年来以圆周为基础的天文学传统决裂。不过，既然（用开普勒的话说）第谷“打碎了水晶天球”，又是什么把行星维持在椭圆形轨道上运行呢？开普勒假定太阳之中有一种“致动灵魂”（*anima motrix*），这是一种能够推动行星的力量。和太阳光一样，这种力量随着距离的增大而衰减，因而距离太阳越远，行星运动得越慢。开普勒援引威廉·吉尔伯特（1544—1603）有关地球是个巨大磁体的新近断言（见第四章），假定太阳能够发出第二种力量，它与磁力类似，在某些地方吸引行星，在另一些地方排斥行星。致动灵魂与“磁”性共同作用，使行星无须天球带动就能沿着椭圆形轨道运行，被拉近太阳时运动得快些，被推远时运动得慢些。虽然开普勒放弃了匀速圆周运动，但他兴奋地发现了另一种均匀性——“等面积定律”——来取而代之，即当行星运动时，太阳与行星的连线在相等时间内扫过相等的面积。同样，虽然开普勒协助瓦解了亚里士多德的宇宙，但他仍在《哥白尼天文学概要》一书的副标题中指明它是亚里士多德《论天》的“补遗”。连续与变化兼有、创新与传统并存正是近代早期自然哲学的典型特征。

望远镜和地球的运动

第谷用裸眼观测天象的能力无人能及，而他也是最后一批这样做的人之一。当开普勒埋头计算时，伽利略·伽利莱（1564—1642）听说荷兰人发明了一种能使远处物体显得更近的仪器，便亲自做了改进，并于1609年将其指向了天空。几乎每把镜筒（*occhiale*，后称作望远镜）指向一处，伽利略都会有新的发现。他发现月球表面布满了山脉、峡谷和海洋——换言之，月球看上去与地球非常相似，因此也是由四元素而非亚里士多德所说的第五元素组成的。他发现木星周围有四颗卫星，宛如一个小的行星系统。伽利略根据托斯卡纳大公科西莫二世·德·美第奇之名将这些卫星命名为“美第奇星”，从而使自己名利双收。伽利略发现土星的形状很奇怪，看起来就像是三个连在一起的球体。他还发现金星像月球一样会显示出位相。最后这项发现第一次有力地反驳了托勒密体系，因为在托勒密体系中，金星总是位于太阳与地球之间，因而最多只能呈现出新月形。伽利略观测到了新月形的金星和满的金星，这表明金星必定时而处于我们和太阳之间，时而远在太阳的另一侧，简而言之，金星围绕太阳运转。从此以后，天文学家只能在第谷体系与哥白尼体系之间进行选择（图7）。于是，这两个体系之间唯一的分歧，即地球是否运动，就成了天文学家最为关切的问题。

伽利略迅速出版了《星际讯息》一书，公布了他用望远镜获得的第一批发现，并将这本书与望远镜一道寄给了全欧洲的天文学家和统治者。许多人难以看到伽利略所描述的现象，因为望远镜的放大倍数不高，光学系统很差，难以使用。罗马的耶稣会天文学家提供了关键支持，他们证实了伽利略的观测结果并且继续作出观测，还在1611年举办盛宴向伽利略表示敬意。罗马学院的资深成员克里斯托弗·克拉维乌斯（1538—1612）是欧洲最受尊敬的数学家之一，他设计了教皇格里高利十三世于1582年开始施行（持续至今）的格里高利历；他写道，伽利略的发现要求人们重

图7　里乔利《新天文学大成》(1651)卷首象征性的插图比较了三种世界体系。正义之神阿斯特莱亚正在权衡哥白尼体系和里乔利体系(对第谷体系作了些微调整),托勒密则斜倚在自己已遭抛弃的体系那里。画面上方的小天使手拿行星,显示出新近的发现:水星和金星的位相、月球的粗糙表面、木星的卫星以及土星的“把手”。上帝之手赐福于世界,伸出的三根手指旁标着“数、重量、量度”(《智慧书》11:20),象征着造物的数学秩序

新思考天界的结构。虽然克拉维乌斯和许多其他人坚持地心说，但一些年轻的耶稣会天文学家可能转向了日心说。然而，这些友好的交往没有继续下去，因为伽利略与两位耶稣会天文学家发生了争论（他在其中常常显得无礼）：一是与克里斯托弗·沙伊纳争夺发现太阳黑子的优先权并且争论黑子的本性，二是与奥拉齐奥·格拉西争论彗星（格拉西支持第谷的观测，认为彗星是天体，而伽利略坚持说彗星是月下世界的视觉幻觉）。

在科学史上，“伽利略与教会”这一情节变成了最大的神话，遭到了最严重的误解。这些事件缘于一系列纠缠不清的思想、政治和私人因素，它们极为错综复杂，历史学家至今仍在试图厘清。这并不单单是“科学与宗教的冲突”问题。教会内外兼有伽利略的支持者和反对者。与事件有密切关系的因素包括：情感受到冒犯、政治上的阴谋、解释《圣经》的资格、未占天时地利，以及被不同教派裹挟。最后一个引爆因素是，伽利略于1632年出版了《关于两大世界体系的对话》，这本书对托勒密体系和哥白尼体系作了比较，并且明确把后者当成正确的，声称地球在运动。伽利略的主要证据是，他认为地球的运动引起了潮汐；在这一点上他完全错了，尽管说地球在运动是正确的。究竟哪一个体系是正确的，与教会本无直接利害关系；地心说和亚里士多德主义都不是教会的教条。然而，《圣经》解释的确与教会休戚相关，不仅地球运动对解释《圣经》有所暗示，而且伽利略在17世纪10年代初为了支持自己的观点更是莽撞地涉足其中。这种对《圣经》的随意解读就像是当时的新教为了拒斥传统解释而许可教徒作出对自己有利的解读。结果，1616年教会要求伽利略把日心说和地球运动的观点当作假说，在找到强有力的证据之前不得认为它们真正正确；伽利略同意了。1624年，伽利略从他的朋友、当时已是教皇乌尔班八世的马费奥·巴贝里尼那里得到了写作《对话》的许可，条件是伽利略要在书中申明教皇在方法论上的观点，即自然现象（如潮汐）可能有若干种原因，其中一些是不可知的，因而我们不能绝对确定地把现象归于某单一原因。伽利略照做了，但只是借一个自始至终扮演傻瓜的角色之口在书的末尾表达了这种观点。伽利略还“忘了”把自己1616年答应教会的事告诉乌尔班。该书（经教廷审查人员的许可）出版后，一切大白天下，乌尔班大发雷霆，感觉自己受了欺骗和羞辱。更糟的是，乌尔班正被当时关于三十年战争的外交谈判、日益强烈的批评、废黜他的阴谋，以及有关他即将死去的谣言弄得焦头烂额，原本并不足道的恼火被激化了。宗教裁判所为伽利略拟了一份认罪辩诉协议，建议把伽利略遣送回家并稍作惩罚，但盛怒之下的教皇拒绝了，他坚持要严惩伽利略以警戒他人。伽利略被要求发誓放弃地动说（伽利略照做了），其著作也被教会查禁。值得注意的是，几位红衣主教，包括乌尔班的侄子，都拒绝在对伽利略的判决书上签字。伽利略从未如民间传说中那样被判为异端，遭到关押或囚禁。

最终，伽利略被判软禁于他在托斯卡纳山的别墅中。他在那里继续工作、教学，并且写出了或许是他最重要的一本著作——《两门新科学》。很难说教会对伽利略的判决究竟产生了多大影响。一方面，它使一些自然哲学家对自己的哥白尼主义信念三缄其口。例如，听到伽利略受谴责的消息后，勒内·笛卡尔（1596—1650）将一本刚刚完成的支持日心说的著作藏了起来。像耶稣会士这样担任天主教圣职的人如今不再能够公开支持哥白尼的学说，因此转向了第谷体系或其变种（图7），尽管有时是阳奉阴违。另一方面，在意大利和其他天主教国家，包括天文学在内的科学研究仍然继续着，尽管有时需要回避敏感话题。

继前两代人的观念剧变之后，17世纪中叶的天文学进展更多是在观测和技术方面，而非理论方面。法国神父皮埃尔·伽桑狄（1592—1655）于1631年第一次观察到了水星凌日，1630年辞世的开普勒曾经预言过该现象。改良后的望远镜带来了新的发现和更准确的测量，但由于需要避免球面像差和色差，望远镜造得越来越长、越来越笨重，有的甚至长达六十英尺。不过这样人们就能发现土星的奇特形状是一系列环，1656年，克里斯蒂安·惠更斯（1629—1695）发现了土星最大的卫星。吉安·多梅尼科·卡西尼（1625—1712）在巴黎借助罗马光学仪器商朱塞佩·康帕尼制造的精良望远镜又发现了土星的四颗卫星，并依照路易十四的名字将其命名为卢多维奇星。耶稣会士乔万尼·巴蒂斯塔·里乔利（1598—1671）编制了新的星表，并和他的同行弗朗西斯科·玛里亚·格里马尔迪（1618—1663）合作绘制了一张详细的月面图，图上许多有特色的名字一直沿用至今，其中包括以哥白尼来命名的最为突出的几座环形山之一。在格但斯克，约翰·赫维留（1611—1687，或许是最后一个同时用肉眼和望远镜进行认真观测的人）也画了一张月面图，他还观测了彗星，参与了全欧洲有关彗星是沿直线运动还是绕日运转的讨论。

行星不借助于坚实的天球如何能够沿恒定轨道运行，这个问题继续引人思索。笛卡尔提出了一个无所不包的世界体系，成为17世纪最重要的体系之一。笛卡尔设想整个空间都被不可见的物质微粒填满。这些微粒一刻不停地在环流或涡旋中运动着。我们的太阳系就是一个由这些微粒构成的巨大涡旋，像水中旋涡带着稻草一样裹挟着行星旋转。这种涡旋模型简洁地解释了为什么行星都沿同一方向且几乎在同一平面上运行。地球本身处于一个较小涡旋的中心，该涡旋带着月球在轨道上运行，地球周围的物质旋涡形成一股“风”将物体推向地心，这就解释了重力现象。笛卡尔的涡旋理论为天体的运动提供了一种综合解释，在通俗讨论和教科书中流传甚广，但它太不精确，对天文学家没有实际价值。

牛顿（1643—1727）年轻时曾拥护笛卡尔的涡旋理论。17世纪60年代初在剑桥读书时，牛顿研究了当时多数大学里仍是本科生标准教科书的亚里士多德著作。但牛顿很快就开始在课外阅读像笛卡尔这样的“现代人”的思想。牛顿接受了笛卡尔解释行星运动和重力的原理的一个修改版本。但是到了17世纪80年代初，牛顿的想法开始转变。他抛弃了笛卡尔的涡旋，开始构想太阳与行星之间存在着一种吸引力。这种想法有几个来源，特别是人们所熟知的磁现象以及开普勒曾经假定的太阳与行星之间存在的“类磁”力。对于开普勒而言，正是这种“磁力”与致动灵魂的结合使行星沿椭圆轨道运行。而在牛顿这里则是惯性（行星沿轨道切线运动的倾向）与朝向太阳的吸引力（我们称之为引力）之间的平衡产生了稳定的椭圆形轨道。伦敦皇家学会的几位会员曾以类似的思路解释过行星的运动，特别是罗伯特·胡克（1635—1703）曾在1679至1680年写信给牛顿谈了自己的想法。后来胡克抱怨牛顿剽窃了自己的想法而没有给他以足够的尊重，这使得神经极度敏感的牛顿在自己的著作中对胡克只字不提，并且终生将胡克视为宿敌。牛顿发表于《自然哲学的数学原理》（1687）中的伟大成就，用纯数学的方法重新导出了开普勒根据第谷的观测由经验得出的行星运行定律，并使引力变得真正普遍，即任何两块物质之间都存在引力。开普勒无疑会对此感到欣慰，因为现在有更多证据表明上帝是按照和谐的数学方案创造了世界。牛顿的万有引力定律最终消除了以往关于地界物理学与天界物理学之区分的最后一抹痕迹——行星运转与苹果下落服从的是同一个定律。

并非所有人都为此欢欣。通过复兴引力的观念，牛顿似乎使一种沉寂了约70年的想法死灰复燃。一种不可见、非物质的力可以在一切物体之间发生作用而没有任何机制或明显原因，这不仅比物质性的笛卡尔涡旋更难以理解，而且在许多人看来是又回到了亚里士多德主义者所说的“隐秘性质”或自然魔法中的共感。事实上，17世纪下半叶自然哲学的前沿问题始终是用不可见微粒的运动来解释那些看起来是吸引或共感的现象（见第五章）；如今牛顿似乎是在开倒车。

曾与牛顿争夺微积分发明优先权的戈特弗里德·威廉·莱

布尼茨（1646—1716）指责牛顿“隐秘的吸引属性”是“对真正哲学之原则的混淆”，是躲进了“古老的无知避难所”。为牛顿辩护的人声称引力吸引乃是物质的一种基本属性，但牛顿本人却想找到引力的**原因**。然而，牛顿寻求答案的方法提醒我们，他并不是一位偶然生在17世纪的“现代科学家”。牛顿或许以不同于往常的谦逊认为自己仅仅是重新发现了万有引力定律，古代人对此早已知晓。这是因为牛顿信奉古代智慧（*prisca sapientia*），文艺复兴时期的许多人文主义者都持有这种看法，认为神在太古时期揭示了一种“原初智慧”，之后随时间而逐渐败坏。牛顿试图阐释希腊神话、《圣经》段落和赫尔墨斯著作，以表明其中蕴藏着关于世界隐秘结构的思想，包括他本人的平方反比引力定律。牛顿似乎认为——并相信“古人”也认为——引力吸引源于上帝在世界中持续的直接作用。正如开普勒觉得自己揭示了上帝的几何设计一样，牛顿认为自己被赋予了使命去恢复古代的知识——不仅仅是科学知识。他年复一年地研究着神学和历史，相信基督教和所有其他知识一样会随时间而败坏，遂致力于恢复据说是“原初性的”神学，例如，这种原初的神学并不包含基督的神性。同样，牛顿之所以钻研古代年代学，部分程度上也是为了获得可靠年代以解释《圣经》关于世界末日的预言。这里我们再一次回到了自然哲学（与现代科学相比）更加宽泛和全面的看法。牛顿认为“自然哲学的任务是恢复关于整个宇宙体系的知识，包括作为造物主和永恒动因的上帝”。

第四章

月下世界

近代早期的许多自然哲学家都将目光投向了天空，但重新看待地界事物的自然哲学家更多。月下世界是地球以及土、水、气、火四元素的领域，是生灭变化的领域，是不断发生转变的动态世界。重元素（土和水）和重物自然落向宇宙的最低点，即静止的地球所处的宇宙中心。轻元素（气和火）则朝着月亮天球上升，后者是四元素的最高边界。于是，经由一种基于其重性或轻性的“自然运动”，每一种元素都在宇宙中找到了其“自然位置”。这种亚里士多德体系解释了为什么石头和雨水会下落，而烟却会上升，蜡烛的火焰总是朝上。而月上世界的情况则相反，天体是由第五元素构成的，第五元素非重非轻，既不上升也不下降，而是永远围绕地球做圆周运动。近代早期人重新考察了地球、元素以及变化和运动过程，提出了各种体系来理解事物。有些人明确表示打算取代亚里士多德主义世界观，另一些人则仅仅试图改进它，几乎没有人能够完全摆脱亚里士多德的影响。观察、实验和用新的概念来理解月下世界，这些努力并未造就唯一一种通向现代科学的世界观，而是创造出各种相互竞争的世界体系，它们在整个17世纪力争获得认可和占据主导地位。

地　球

近代早期的自然哲学家认为，地球和宇宙其余部分一样，年龄只有数千年。所能找到的最古老的文本《圣经》所提供的年表将人类的谱系追溯到大约六千年前。虽然只有某些读者将《创世记》第一章解释为描述了包含创世六日的字面意义上的年表（圣奥古斯丁曾在公元5世纪拒绝接受这种对字句的拘泥），但没有人真的认为，人类出现以前的地球历史还可以往回追溯得更长。最长的估计是，创世大约发生于一万年前。这并非教条使然，而是根本没有证据让人不这样想。正是在尼尔斯·斯滕森（1638—1686，其拉丁化的名字尼古拉·斯泰诺更为人所熟知）的工作中，地质历史的观念出现了。斯泰诺出生在丹麦，他先是致力于解剖学，因其解剖技巧而闻名，并且用解剖技巧作出了唾液管（今天被称为“斯滕森氏管”）等重要发现。和当时其他许多自然哲学家一样，他游历于欧洲各大学术中心，与其他自然哲学家会面并交流新知。17世纪60年代，他在美第奇的赞助下定居于佛罗伦萨，开始对托斯卡纳山丘中的岩层——我们称之为“地层”——以及包裹于其中的贝壳感兴趣。他断言，这些岩层必定曾经是逐渐沉积下来的松软泥土，因此较低的岩层必定比较高者更为古老。他认为，某个地方的地层只要不是水平的，就必定是在硬化为石头后因某种剧变而发生破裂。这些结论并未使斯泰诺增加对地球年龄的估计，毕竟，泥土可以迅速硬化成砖块，但它们的确暗示，地球表面发生过巨大变化，而岩石中保存着这些变化的记录。

到了17世纪末，一些学者——特别是在英格兰——在斯泰诺工作的基础上编写了“地球的历史”来解释当时的地球样貌。他们大都援引全球灾难作为因果动因，在自然哲学的观念和观察资料中插入《圣经》记述和其他历史记载。托马斯·伯内特的《地球的神圣历史》（17世纪80年代）提出了六个地质时代，这六个时代被《圣经》所述的灾难性事件打断。牛顿的伙伴埃德蒙·哈雷和威廉·惠斯顿（1667—1752）提出，主要是彗星与地球相撞缔造了地球历史，导致了地轴倾斜和诺亚洪水这样的事情。

博学多才的耶稣会士基歇尔对地球表面的变化作了第一手的研究。1638年在西西里岛时，基歇尔见证了一次强烈地震和埃特纳火山的喷发。此前火山作用从未成为研究课题，这在很大程度上是因为欧洲大陆唯一的活火山维苏威火山已经沉寂了三百多年，直到1631年突然剧烈喷发。基歇尔前往那里观察了持续的喷发，为了看得更清楚，他甚至下到了活跃的火山口。他观察到火山活动既摧毁了旧山脉，也形成了新山脉，使地貌产生了显著改变。他把火山的热归因于地下的硫、沥青和硝石（其结合近似于火药）的燃烧。他注意到，火和喷发出的熔岩的量太过巨大，不可能产生于山体本身，于是推测，火山必定是地球深处大火的通风口。因此他断言，地球不可能只是“大洪水过后由黏土和泥压在一起形成的，就像是一块奶酪”，而是有一种复杂的动态内部结构。他设想地球内部充满了通道和室（图8）。一些通道将火从火热的核心（他**从未**在字面上将这个核心与地狱混为一谈）转到火山口，另一些通道则允许水通过，往往是从一个海洋流到另一

图8　基歇尔，《地下世界》（阿姆斯特丹，1665）对地球隐秘内部及其火山的理想化描绘

个海洋。大量的水流经这些通道就产生了洋流和湍动。基歇尔收集了来源各异的材料，尤其是耶稣会传教士的报告，编写了他百科全书式的《地下世界》（1665），除其他各种内容外，其中包含了显示洋流、火山和海底通道可能位置的世界地图。

基歇尔是对地球上最具戏剧性的事件进行观察，而吉尔伯特（1544—1603）则是在家中静静地做实验，以发现地球的另一种不可见特征。吉尔伯特是伊丽莎白一世的御医，他研究的是一种向来令人费解的物体——磁石。他的《论磁》（1600）一书考察了磁石的性质，详述了用它们所做的实验，并且区分了磁吸引力与摩擦后的琥珀临时具有的吸引稻草的能力。[对于后一现象，他用表示琥珀的希腊词*ēlectron*创造了“电”（electrical）这个词。]他的一些实验灵感来自马里古的皮埃尔在13世纪60年代所做的实验，但吉尔伯特的研究指向了一个新的目标。皮埃尔曾用球形磁石或天然磁石——带有天然磁性的磁铁矿——发现磁石有两极，并将其命名为北极和南极。同样用球形磁石，吉尔伯特观察到置于磁石之上的铁针会精确模仿地球上罗盘针的行为。因此他得出结论说，地球是一个巨大的磁石。它也有磁极，能像球形磁石一样吸引罗盘针。（以前有人认为罗盘指向北**天**极而非地极）。简而言之，吉尔伯特用球形磁石作为地球的**模型**，通过类比推理，将球形磁石在实验过程中的现象外推到整个地球。

吉尔伯特的目标是巩固哥白尼的学说，后者使自然位置和自然运动的整个概念变得混乱。哥白尼让地球运动起来，在远离宇宙中心的地方绕轴自转和绕太阳公转，这引出了严重的物理问题。重物为什么会落到并非处于中心的地球上？是什么东西导致地球在旋转？哥白尼学说的支持者必须找到一种新物理学，从混乱中整理出秩序。一旦声称地球有磁极，吉尔伯特便强调这些磁极定义了一个真实的**物理**轴。既然自然中的一切事物都有目的，吉尔伯特认为这个轴的目的是为地球的自转做准备。此外，地球的磁性为地球赋予了内在动力，一如磁石会使铁制物体移动。吉尔伯特所谓的地球的磁“灵魂”不仅会使罗盘针指向北方，而且会使行星绕轴转动。在此基础上，吉尔伯特提出了一种“磁哲学”，认为磁性遍布和主宰着宇宙。利用相似者互相吸引——自然魔法的“共感”——的原则，磁哲学试图表明地球上的物体被自然地引向地球，而月球上的物体被自然地引向月球，从而挽救被瓦解的“自然位置”。因此，无论地球在宇宙中处于何种位置，地球物体都将落向地球。在吉尔伯特的宇宙中，磁力既维持着月上世界也维持着月下世界的秩序，他的看法深深地影响了开普勒、牛顿等人。

地球上的运动

磁哲学试图解释物体**为什么**下落，而伽利略则试图用数学描述物体**如何**下落。他造出了斜面、摆和其他仪器来研究地界运动。他在被软禁期间写的《两门新科学》（1638）是他从16世纪90年代开始的运动研究的顶峰。伽利略发现，所有物体无论重量如何，都以相同速度下落，这与亚里士多德的说法相反。他用优雅的逻辑论证说，如果滚下斜面的球速度会增加，滚上斜面的球速度会减小，那么在水平面上——既不向上也不向下——滚动的球将会保持恒定的速度。由于地球上的“水平”面实际上是弯曲的地球表面，因此在完全抛光的地球表面上滚动的球将会永远围绕地球运转。运用此“思想实验”，伽利略既阐明了一种惯性原理（运动物体会持续运动下去，除非受到外部动因的作用），又把天界的永恒圆周运动带到了地球，这进一步削弱了月下世界与月上世界的区分。

从方法论上讲，伽利略忽略的东西与他关注的东西同样重要。他描述运动时从来也不关注**什么东西**在运动，无论是一个球、一块铁，还是一头牛。简而言之，他忽略了亚里士多德物理学所强调的物体的**质**。伽利略注重的是它们的**量**，它们在数学上可抽象的性质。通过剥离物体的形状、颜色、构成等特征，伽利略对物体的行为作了理想化的数学描述。一个冷的、棕色的、用橡木制成的球，其下落与一个热的、白色的立方体锡罐的下落不会有任何不同。伽利略将两个物体都还原成了抽象的、脱离语境的、能用数学处理的东西。14世纪初，一批被称为“牛津计算者”的人已经开始把数学应用于运动。事实上，伽利略在《两门新科学》中阐述运动学时，就是从他们提出的一条定理开始的。然而，伽利略要走得更远，他将数学抽象与实验观察紧密联系了起来。他在做无数实验时，将空气阻力和摩擦看成了可以从理想数学行为中剔除出去的“缺陷”，而这些数学行为只有在思想中才能经验到。柏拉图也许会在一定程度上同意伽利略的观点，因为柏拉图所理解的世界不完美地遵循了创世所依据的永恒的数学样式（即使亚里士多德可能反对伽利略的观点）。伽利略援引基督教的“自然之书”意象说出了一句名言：“这本书，我指的是宇宙，……是用数学语言写成的，其符号是三角形、圆形以及其他几何图形，没有它们的帮助，人类连一个字也读不懂。”伽利略主张把物理世界还原为数学抽象，并最终还原为公式和算法，这一技巧对新物理学的产生发挥了关键作用，是科学革命的一个显著特征。

值得注意的是，伽利略只满足于用数学来**描述**运动，而不关心运动的**原因**。伽利略工作的这个特征与亚里士多德科学有根本不同，对于后者而言，真正的知识是关于原因的知识。伽利略使用的方法与工程师类似，他更感兴趣的是描述和利用物体的**行为**，而不是**原因**。在这一点上，伽利略得益于他所处的意大利北部的环境，那里工程学发达，有学识的工程师声名显赫（见第六章）。《两门新科学》明确表明了实用工程的重要性：书中的对话者见到了威尼斯造船厂的工程，并且讨论了梁的抗拉强度及其按比例的增加和减小——这些主题对于工程师和建筑师至关重要。伽利略早年在帕多瓦大学任教授时，依靠为力学和防御工事项目提供指导来补贴其微薄的大学薪水。他后来关于抛射体运动的研究表明，抛射体的路径是一条抛物线，我们往往首先认为这是他对运动物理学的贡献。这项研究所延续的是早先尼科洛·塔尔塔利亚（1499—1557）的研究。塔尔塔利亚是一位有学问的工程师，其写于1537年的《新科学》一书将数学应用于运动，尤其是炮弹的运动，这一主题对于意大利一直战火不断的诸邦来说具有直接的现实意义。我们很容易使科学发展变得过于抽象和理性，而忘记了科学往往由紧迫的实际问题所驱动。

水和空气

出于工程用途，伽利略的追随者对水的研究引出了一系列重要发现。本笃会神父贝内代托·卡斯泰利（1577—1643）是伽利略的学生，也是伽利略在比萨大学数学教席的继任者。卡斯泰利致力于研究水力学和流体动力学，这些都是重要的实际问题，因为当时的意大利建有各种供水系统，包括运河、喷泉、灌溉、沟渠和下水道等等。由于需要把水从深处（例如从深井或矿山中）竖直抽出，人们发现虹吸管无法把水向上吸到大约三十四英尺以上的高度。17世纪40年代初，卡斯泰利在罗马大学的同事加斯帕罗·贝尔蒂（约1600—1643）尝试用实验来研究这个问题。在基歇尔等人的合作下，贝尔蒂拿了一根能够两端封闭的三十六英尺长的管子，将其下端竖直插入一盆水中（图9左）。他封闭了底阀，往管内灌满水，然后封闭顶部，打开底部。水开始流出，但是当管中水柱高度下降到三十四英尺时，水突然不流了。是什么使水悬浮在不高不低正好三十四英尺处呢？

卡斯泰利的学生埃万杰利斯塔·托里拆利（1608—1647）后来继承了伽利略所担任的美第奇宫廷数学家和哲学家一职，他设计了一种简单仪器，该仪器与贝尔蒂的管子类似，但更易操作。托里拆利拿了一根长约一码的玻璃管，将其一端密封，往其中灌满水银。把它的开口端倒着插入一盆水银（图9右），此时管中水银开始排出，当管内水银柱的高度约为三十英寸时停止下降，这一高度约为水在贝尔蒂管中停留高度的十四分之一。值得注意的是，水银的密度约为水的十四倍，这意味着悬在管中的任何液体的高度都直接取决于该液体的密度。利用早先对水的研究中所得出的液体平衡思想，托里拆利解释了这些结果，声称留在管中的液体重量被向下挤压着盆中液体的外部空气的重量所平衡。空气有重量这一想法与亚里士多德体系相冲突，因为亚

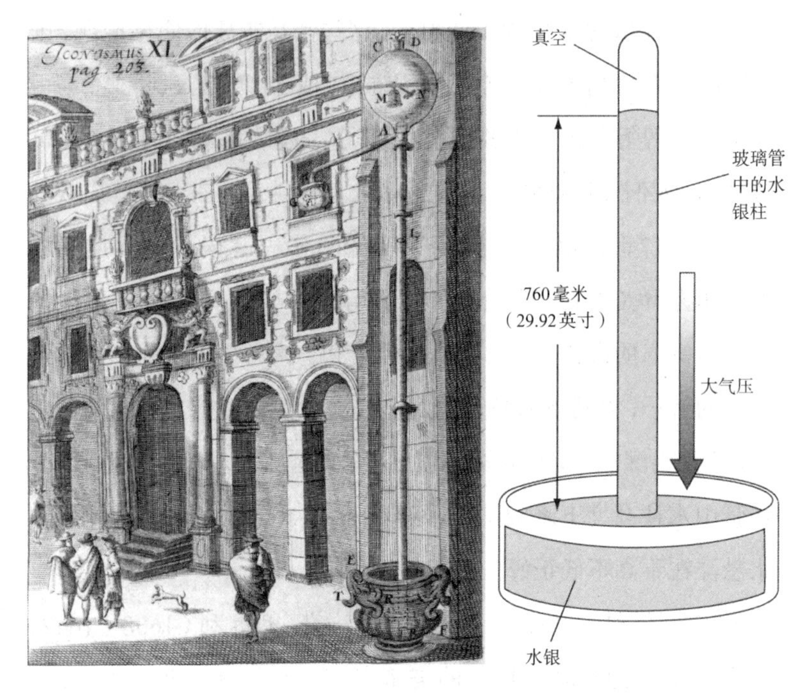

图9 （左）贝尔蒂的水气压计。加斯帕·肖特，《工艺志》（纽伦堡，1664）；（右）托里拆利简化的水银气压计的示意图

里士多德认为空气没有重量。托里拆利不仅提出，我们“生活在空气元素之浩瀚海洋的底部”，而且提出他的仪器可以测量和监控空气重量的变化，这使他的仪器有了一个新的名称——**气压计**（barometer），其字面意思是“重量测量仪”。

17世纪的一些最著名的实验都是为了探究托里拆利管所激起的想法。数学家和神学家布莱斯·帕斯卡（1623—1662）提出可以用一个精巧的实验来证明，是大气的重量使液体悬浮在管中；1647年，他的姐夫弗洛兰·佩里耶做了这个实验。依照帕斯卡的指导，佩里耶在多姆山（位于法国中部，距离他们家不远）山脚下的一个修道院花园准备了几根“托里拆利管”，然后带着一根管子爬到了山上三千多英尺高的地方，发现水银面降低了三英寸。而下山之后，水银又恢复了原来的高度。在海拔较高之处，下压的“空气的海洋”较少，挤压水银的空气重量减小，因此所能平衡的管中水银也较少。

马格德堡市长奥托·冯·盖里克（1602—1686）是自然哲学家，制造了许多奇妙的仪器，而且热衷于演示。他当着许多观众的面做了一个壮观的实验，即著名的“马格德堡半球”实验。他做了两个半球形的铜壳，其边缘可以严丝合缝地合在一起。他把两个铜壳合成一个球，然后打开安装在一个半球上的阀门，用他自己仿照水泵发明的一种设备将空气从球中抽出。接着关闭阀门，冯·盖里克表明连马队都无法将两个半球分开，因为空气重量将它们结合在了一起（图10）。最后打开阀门，空气涌入，冯·盖里克轻而易举就把两个半球掰开了。

但水银上方的空间或冯·盖里克的球体之中是什么呢？许多实验者认为其中什么都没有，是**完完全全的**真空——这是一个在17世纪极具争议的话题。亚里士多德主义者和其他一些人声称真空是不可能的，他们的口号“自然憎恶真空”就反映了这一点。他们相信世界被物质完全充满，是一种**实满**，这似乎得到了一些自然现象的证实。他们认为，水银柱上方的空间中包含着空气或者从水银中挥发出来的某种更精细的蒸汽。有一些实验试图解决这个疑问，但并没有完全解决“真空论者”与“充实论者”

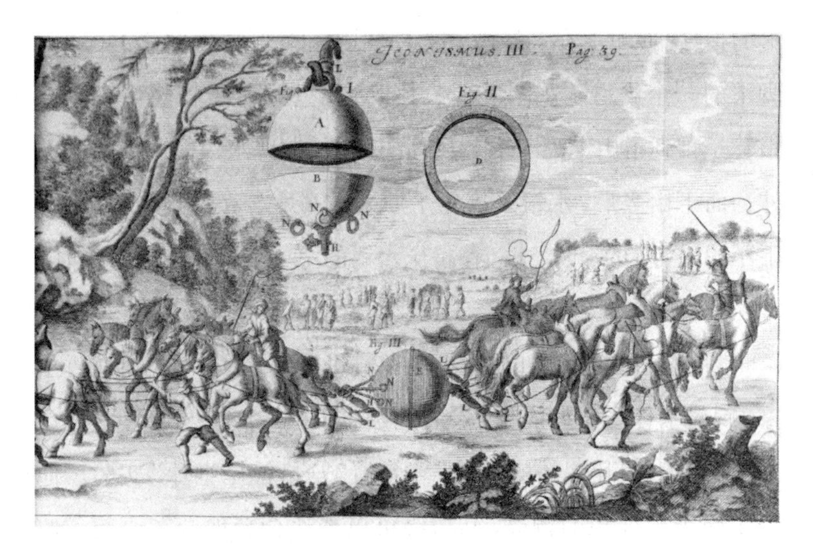

图10　冯·盖里克引人注目地表明，连马队都无法将一个抽出空气的中空球体拉开，这证明了大气的压力。加斯帕·肖特，《工艺志》（纽伦堡，1664）

之间的争论。声音无法传过空间，这表明传播声音所需的空气被移走了。但光可以传过去——光难道不是和声音一样，需要某种介质来传播吗？对于当时的人来说，科学史上经常被视为“里程碑”的实验很少拥有对现代人那样的说服力。实验，尤其是对结果的解释，是一件复杂而可能引起争议的事情，过去是如此，将来也是如此。

罗伯特·波义耳（1627—1691）很快就加入了研究空气的行列。他是英国最富有的人的幼子，因此有充足的时间和资源去献身于实验，实验地主要是他姐姐在伦敦帕尔马尔街的寓所，他成年后主要在那里生活。波义耳和他的许多同代人指出空气可以压缩，特别是，一定量的空气所受压力越大，体积就越小，这一关系后来被称为“波义耳定律”，今天的化学课仍然会讲授它。1658年，波义耳听说了冯·盖里克的空气泵，于是和天才的罗伯特·胡克制造了一个改良的空气泵。它能够将一个大玻璃球抽空，使人看到密封于其中的物体在空气抽出时发生的变化（图11）。

波义耳将一个气压计（他可能是为托里拆利管而创造了这个词）密封在他的空气泵中，看到水银面随着空气被抽出而下降。他在空气泵中做了令人眼花缭乱的实验：从试图点燃火药、用手枪射击、听手表滴答作响，一直到测量猫、鼠、鸟、蛙、蜜蜂、毛虫等各种生物在没有空气的情况下能活多久。他还用燃烧的蜡烛在空气泵中做实验，指出火依赖于空气的量。

火：化学家的工具

近代早期之前，早已有人对火作为一种物质元素的地位提出了异议。在参与这些争论的人当中，炼金术士常把火用作主要工具来研究和控制物质及其转变。科学革命是炼金术的黄金时代。今天，“炼金术”往往意味着一意孤行地（徒劳地）制备黄金，这或多或少有些“魔法”意味，从而有别于化学。但在近代早期，“炼金术”和“化学”指的是一些同样的追求。今天的一些历史学家用古体拼写chymistry来指所有这些未分化的追求。制金是化学的一个关键要素，但并不涉及（现代意义上的）“魔法”，而是一种理论基础与我们不同的活动。流传下来的一些笔记记录了

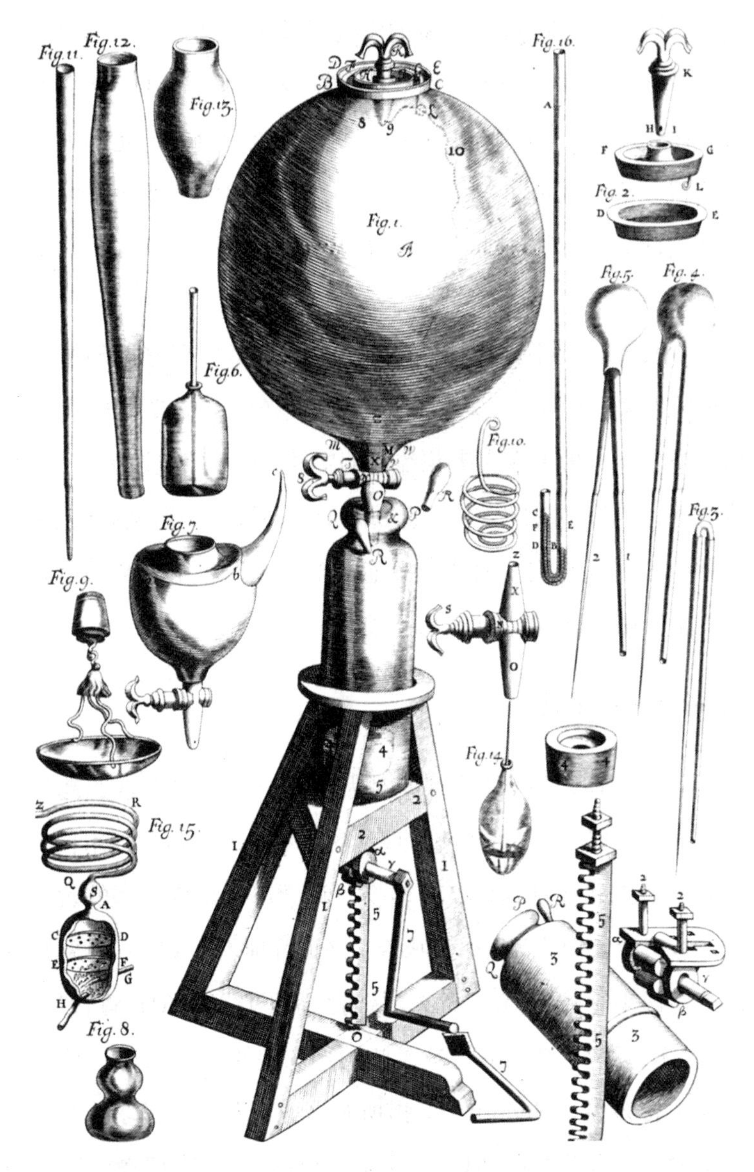

图11　波义耳和胡克的空气泵。罗伯特·波义耳,《关于空气弹性的物理—力学新实验》(牛津,1660)

“炼金术士”的日常操作，往往显示出关于实验操作、文本解释、观察和理论表述方面的细致方法论。除了追求黄金，化学还包括更广泛地研究物质，生产药物、染料、颜料、玻璃、盐、香水和油等商品。物质生产与自然哲学思辨的结合是这门学科的一个核心特征，它于公元4世纪起源于希腊化时期的埃及，一直演变成今天的化学。

寻找一种方法把铅变成金并非只是一厢情愿。它基于一种理论，即认为金属是由“汞”和“硫”两种成分在地下生成的复合物。两者以正确的比例和纯度结合时就会形成金。如果没有足够的硫，就会产生银。过多的硫（一种干的易燃本原）会产生铁或铜，这表现于这些金属的易燃、坚硬和难熔。过多的汞（一种液体本原）会产生锡或铅——柔软易熔的金属。因此从理论上讲，嬗变不过是对两种成分的比例进行调整，使之符合它们在金中的比例。人们观察到，银矿石中含有一些金，铅矿石中含有一些银，这暗示嬗变是在地下自然发生的，成分不佳的复合金属被净化或“催熟”为更加稳定、成分更好的金属。问题是如何通过人工手段更快地实现这种转变。于是，制金者试图制备他们所谓的“哲人石”，这是一种引发嬗变的物质动因。据说一旦在实验室制备出来，少量哲人石几分钟之内就能把与之混合的熔化的贱金属变成金。许多文本都声称成功地实现了这个过程，追求嬗变的人力图对此进行重现。困难在于这些著作会故意保密——它的成分、过程甚至是理论都掩藏在暗号、封面名称、隐喻和往往怪异的图案标志背后（图12）。

图12　一则炼金术讽喻，描绘了金和银的提纯，这是制备哲人石的第一步。国王代表黄金；跳过坩埚（一种用来提纯金属的器皿）的狼代表辉锑矿，这种材料能与银和铜起反应，除去常与金混合的银和铜；女王代表银；老人代表铅，指用铅来提纯银的灰吹过程。《赫尔墨斯博物馆》（法兰克福，1678）

炼金术的保密性部分源于手工活动，因为有必要将其作为行业秘密以保护专利权。出于对货币贬值的恐惧，中世纪的法律禁止嬗变，这进一步加强了保密性。此外作者们还声称，他们的知识倘若落入坏人之手会很危险，而且这些知识是一种优越的知识，不能泄露给配不上它的人，因此需要保密。

英国人一直用“化学家”意指“药剂师”，这起源于近代早期，那时大多数化学家都至少把部分精力投入制药。把化学用于医药始于普罗旺斯的方济各会修士鲁庇西萨的约翰（1310—约1362），他提倡用从酒中蒸馏出来的酒精来制备药用提取物。

把化学用于制药在整个15世纪迅速发展，最终在帕拉塞尔苏斯（1493—1541）这位具有传奇色彩的人物那里得到了最热情的拥护。帕拉塞尔苏斯批判了以希腊、罗马和阿拉伯的作者们为基础的传统医学，并且基于从直接观察到日耳曼民间信仰的各种来源提出了自己的体系。他提倡以化学为手段把几乎所有物质都转化成一种强大的药物，对制金他并没有什么兴趣。他的指导思想是，有害性质起因于原本健康的物质中的杂质，这就像罪恶和死亡污染了那个由上帝所造的、本质上美好的世界。化学利用蒸馏、发酵和其他实验室操作，提供了区分好坏、辨别良药与毒药的方法。帕拉塞尔苏斯还告诉我们，所有物质都是由汞、硫、盐这三种主要成分构成的，这是地界的三位一体，被称为“三要素”（*tria prima*），反映了神的三位一体和人的三位一体本性——肉体、灵魂和精神。帕拉塞尔苏斯所谓的“炼金术”（*spagyria*）过程力图将一种物质分成其三要素，并分别进行提纯，然后将其重新组合成一种“高贵”的原始物质，它的药力更强而且没有毒性。

但帕拉塞尔苏斯更进了一步：化学不仅是一种用来制药的工具，而且也是理解宇宙的关键。帕拉塞尔苏斯在16世纪末的追随者对其往往混乱的著作（有人传言他是酒醉时口授的）做了系统整理，提出了一种化学论（chymical）世界观，把几乎一切事物都设想成本质上是化学的。雨水经过海洋、空中和陆地而完成的循环是一次大蒸馏。地下矿物的形成，植物的生长，生物的产生，消化、营养、呼吸和排泄等身体机能，这些都被视为本质上是化学的。上帝本身没有变成柏拉图主义者所说的几何学家，而是变成了化学大师。上帝从原始的混沌中创造出一个有序的世界，就类似于化学家将普通材料萃取、提纯和转化为化学产品；上帝用火对世界进行末日审判，就类似于化学家用火把杂质从贵金属中清除出去。这种世界观甚至把人的最终命运看成化学的。人死后，灵魂和精神脱离肉体。物质性的肉体在坟墓中腐烂，直到全部死者复活时得到更新和转变，作为化学家的上帝将净化后的灵魂和精神重新注入其中，产生出一个荣耀的、永生的人，一如在帕拉塞尔苏斯所说的炼金术中，三要素从物质中分离，提纯后重新结合成一种“光彩夺目的”产物。

帕拉塞尔苏斯的学说吸引了众多追随者。1572年第一次看到新星的不久前，第谷还在实验室中根据帕拉塞尔苏斯的学说制备药品。后来，第谷在他的天文台城堡中建了一个实验室，旨在研究他所谓的“地界天文学”，即化学（所谓“上行下效”）。帕拉塞尔苏斯的风格具有反体制性（往往表达为痛骂古典学问、大学和执业医师），因此他的观点引发了激烈的争论，其追随者往往集中于体制外。事实上，整个化学在大多数时间都存在于传统的学术机构之外，地位很是尴尬。物理学和天文学从中世纪以降就是大学必须研究的科目，但化学直到18世纪才获得了学术地位。其中一个原因是，它无法夸耀其古典根源，无论是亚里士多德还是任何其他古代权威都没有写过化学论著，这一点不同于天文学、物理学、医学和生命科学。化学与商业和人工制品有密切关联，具有实用性，而且往往混乱不堪、艰苦费力、气味难闻，这些都使化学无法令人尊敬。然而，注重实用性的实验也意味着化学能够收集大量材料，认识它们的属性，掌握处理它们的能力。在整个17世纪，这些知识在商业上的重要性与日俱增，许多化学家因此走上了一条实业道路——有时是被王侯或其他主顾以及采矿业所雇佣，旨在提高产量或探索物质的嬗变；有时是独立工作，旨在为市场推出新的商品。不幸的是，化学仿造宝石和金属的能力以及关于制造黄金的说法为诈骗提供了可乘之机，导致人们普遍将化学与不道德的勾当联系起来。早在中世纪晚期，但丁就把化学家——“自然的模仿者”——与伪造者一道置于地狱的第八圈，后来，17世纪剧作家本·琼森在其《炼金术士》（1610）中也用弄虚作假的化学家及其贪婪的客户来增强喜剧效果。

17世纪的化学训练大都是在医学环境中进行的。在德国，约翰内斯·哈特曼（1568—1631）于1609年成为第一位**化学医学**（*chemiatria*）教授。授予他此项教职的马堡大学是黑森—卡塞尔公国的莫里茨王子新建（因此更能创新）的一所加尔文主义机构，莫里茨王子的宫廷资助了许多制金者、帕拉塞尔苏斯主义者和其他化学家。在法国，常规的化学教育开始于巴黎的国王花园（Jardin du Roi），这是一个旨在传播和研究药用植物的植物园。一系列讲师在花园基于面向公众的实验演示来讲授实用课程。私人讲师往往是药剂师，他们也讲化学课，比如尼古拉·莱默里就在其巴黎寓所内讲课，他的教科书《化学教程》（1675）成为畅销书。事实上，在法国和德国出版的数十本化学教科书确立了一种教学传统，弥补了化学在大学课程中的缺失。

化学的实用色彩并不意味着它没有对自然哲学理论作出重要

贡献，事实恰恰相反。17世纪最重要的进展之一，即原子论的复兴，便是部分建基于化学观念和化学观察。13世纪末的一位被称为盖伯的拉丁炼金术士，已经用一种准微粒的物质理论来解释化学性质。例如，他设想金的“最微小部分”被紧紧挤在一起，其间不留空隙，从而解释了金的密度和耐腐蚀性。而铁的“最微小部分”排列得更为松散，留下的空隙使铁的重量更轻，并且为火和腐蚀剂进入铁而将其分解为铁锈提供了空间。后来的化学家继续发展稳定的微粒这一思想，并借此来解释他们观察到的现象。主流的亚里士多德主义者常常会拒斥这样的观念，因为他们声称，物质在结合后会失去自己的身份。但从事实际研究的化学家知道，他们往往可以在一系列转化的结尾恢复初始材料。例如化学家知道，用酸处理的银“消解”为一种清澈的同质液体，它可以自由地穿过滤纸。用盐处理时，该液体会析出一种重的白色粉末。如果把这种粉末与炭相混合，并且将其加热至赤热状态，就会重新获得原有重量的银。这个著名的实验表明，银自始至终都保持着自己的身份，尽管从外表上看似乎并非如此，尽管它被分解成了能够透过纸孔的看不见的小微粒。化学操作为这些“原子”提供了最好证据。

原子论和机械论

微粒物质观的化学传统与古代原子论的复兴相互交织。古希腊原子论始于公元前5世纪的留基伯和德谟克利特。他们设想了一个由不可分割的原子所构成的物质世界，原子在虚空中不断分散和聚集，其千变万化的组合导致了我们看到的所有变化。他们的思想大部分已经湮没于古代历史中。亚里士多德对其作了详细反驳。虽然伊壁鸠鲁（前341—前270）把原子论当作自己的道德哲学的基础，但是当伊壁鸠鲁主义因其无神论和享乐主义倾向（伊壁鸠鲁并无这两种意图）而不再受到青睐时，原子论一同遭到了抛弃。直到罗马人卢克莱修普及伊壁鸠鲁思想的长诗《物性论》于1417年被重新发现，原子论才得以复兴。但卢克莱修对原子论与无神论之间关联的强调，使他的著作最初无法得到认同。具有讽刺意味的是，伊壁鸠鲁原子论得以恢复名誉要归因于一位神父——伽桑狄（1592—1655）。伽桑狄否认原子是永恒的（只有上帝是永恒的）和自行移动的（是上帝使它们移动），主张人的灵魂是非物质的和不朽的，并且建立了一个全面的世界体系，把不可见的微粒及其运动用作基本的解释原则。他的体系以及其他类似的体系后来被称为“机械论哲学”。

机械论哲学认为，所有可感的性质和现象都源于不可见的物质微粒（有时也被称为原子、微粒，或径直称为粒子）的大小、形状和运动。严格的机械论哲学家坚持认为，万物都是由同一种“原料”构成的，我们所觉察到的各种物质和属性都是源于这种原料微粒的不同形状、大小和运动。与其重数量、轻性质的态度相一致，伽利略认为冷、热、颜色、气味和味道等大多数性质实际上并不存在，而只是微粒作用于我们感官的结果。对于伽利略以及后来的机械论哲学家而言，唯一真实的性质——**第一**性质——是微粒的大小、形状和流动性。所有其他性质都是**第二**性质，它们只存在于感知者中，而不存在于被感知者中。在机械论哲学家看来，醋之所以显得酸，仅仅是因为尖且锐利的醋微粒刺痛了舌头。如果没有舌头，“酸”就没有任何意义。玫瑰显示为红色，仅仅是因为玫瑰的微粒以特定的方式改变了反射光，而改变后的光又作用于我们的眼睛。玫瑰之所以芳香，是因为玫瑰花散发出的微粒经由空气进入了我们的鼻子，在那里撞击嗅觉器官，由此产生的运动被输送到大脑，并被转换成一种气味的感觉。这种观点从根本上反对亚里士多德看待世界的方式，在亚里士多德的世界观中，可感性质实际存在于物体之中，对于解释物体的性质和效应起着至关重要的作用。

该体系在两种意义上是机械论的。首先，结果都是通过机械接触引起的，比如锤子砸到石头上，或者弹子球相互碰撞。超距作用或共感的力量在其中没有地位。其次，世界以及其中的物体——甚至是具有广泛影响的笛卡尔机械论哲学中的植物和动物——都被理解成**机器**。机械论哲学家把世界比作一个复杂的钟表装置，就像当时巨大的机械钟，隐藏于其中的齿轮、重锤、滑轮和杠杆使外面的表针转动，钟鸣响，小铸像翩翩起舞、鞠躬致意，机械公鸡喔喔啼叫，一切都符合完美的秩序和规则性。“世界机器”（*machina mundi*）一词的历史可以追溯到卢克莱修，一些中世纪作者用它来表达宇宙的复杂规律性，但对于那些作者而言，**机器**的意思更像是框架或结构，表达的是天地万物各个部分的相互依存关系。而机械论哲学家却为这一图像赋予了一种自动机的含义，即某种人工的东西，但却机械地模仿一个生命体的活动。机械论观点反映了当时日益增长的技术能力，对世界的理解渐渐从活的生物模型变成了无生命的机器。这种观点甚至导致了对上帝本身的重新理解。上帝不再是一个几何学家、化学家或建筑师，而是越来越被看成一位机械师或钟表匠，一个对世界机器进行设计和组装的技师。这一形象在17世纪末的英格兰变得尤为根深蒂固，它构成了关于“智能设计”的现代讨论的基本背景。在近代早期，随着神学和自然哲学的彼此融合，科学概念和宗教概念一同发展和成熟起来，彼此发生影响，互相作出回应。

机械论哲学家力图用他们的原则来解释所有自然现象，一个棘手的问题是如何解释“隐秘性质”、共感和超距作用，它们曾使亚里士多德主义者感到沮丧，也是自然魔法的基础。机械论者所青睐的解决方案是诉诸一种不可见的物质流溢——是微粒“流”将影响从一个物体带到了另一个物体。例如，火之所以能够加热远距离的物体，是因为快速移动的火微粒从火焰中散发出来并且击中了物体。其他解释则需要有更具创造性的解决方案。笛卡尔对磁吸引力的解释是，磁体发射出一种恒定的螺旋形微粒流。他假定铁含有螺旋形的孔洞，磁体发射出的微粒进入了铁的孔洞，在其中旋转，从而把铁“拧”得更靠近磁体。即使是看到血腥场面时不自觉地转头这一反射动作，也要通过尖的微粒流会伤害眼睛来解释。

波义耳不仅提出了“机械论哲学”一词，而且特别把它与化学结合了起来，因为他认识到化学在揭示世界运作方面具有特殊能力。波义耳的研究涉及17世纪化学的所有四个主要方面：制金、医药、商业和自然哲学。他热切地寻求着研制哲人石的秘密，并试图接触可能提供帮助的“秘密行家”。他声称目睹过哲人石的使用，验证过由铅生产出的金，并促使一部禁止金属嬗变的英国法律于1689年被废止。他收集了新的化学药品，特别是那些不太昂贵的、救济穷人的药品（和今天一样，那时的医疗护理和药品的价格也过高）。他还主张把化学用于实用目的，改进行业、贸易和制造。也许最有名的是，他宣扬化学是研究世界的最佳途径，并且努力提升化学的地位。波义耳解释说，他之所以投身于被他的朋友们视为“一种空洞的欺骗性研究”的化学，是因为它为机械论哲学家所提出的微粒体系提供了最好的证据。例如他用实验表明，硝石可以产生一种不变的碱性盐和一种挥发性的酸性液体，两者结合会重新产生硝石。他的结论是，复合物质可以分成小块，这些小块一起还原会重新形成原先的物质，就像一台机器的零件。虽然波义耳拒绝接受帕拉塞尔苏斯的大部分学说，但（他所谓的）这种“重新合并”与“炼金术”惊人地相似，事实上，波义耳的想法正是以前面提到的那种历史悠久的制金和化学医学两种传统为基础的。

机械论哲学在17世纪末逐渐衰落。波义耳变得不那么热衷于它，因为他意识到这一哲学的过度扩展可能会导致决定论、唯物论和无神论。假如世界仅仅是一些相互碰撞的微粒，那么自由意志或神意将没有位置。如果上帝是一个钟表匠，那么他是先开动世界然后对其不闻不问，还是如同一个拙劣的机械师，必须经常对其重新调整？化学家一直对严格的机械论哲学兴趣不大，因为他们平日里看到的大量属性似乎无法通过同一种物质不同形状的微粒这般贫乏的观念来解释。同样，生命过程过于复杂，超出一定限度便无法用简单的力学来解释。最后，牛顿所说的吸引力是一种超距作用，无法对其进行机械论解释。牛顿主义的胜利其实意味着严格机械论的失败。

不断演进的亚里士多德主义

亚里士多德和亚里士多德主义在本章已经多次出现。事实上，有一种关于科学革命的解释是，科学革命完全是对一种垂死的经院亚里士多德主义的拒斥。但这种观点没能认识到经院哲学的弹性和不断演进。17世纪各种“新”哲学的支持者经常用严厉的措辞讽刺和批判亚里士多德主义，但其他自然哲学家始终处于“亚里士多德主义”框架内，继续更新着系统，做着卓有成效的工作。无论在中世纪晚期还是在近代早期，“亚里士多德主义”或“经院哲学”都不意味着顽固地秉持亚里士多德本人所做的任何断言。即使是亚里士多德最伟大的学生特奥弗拉斯特，也是通过在一些观点上不同意亚里士多德的看法而延续着亚里士多德传统。在中世纪，自然哲学家普遍引述亚里士多德，但经常只是作为自己研究的一个出发点，所得出的结论往往与亚里士多德的结论相反。到了文艺复兴时期，存在着许多不同的甚至是相互冲突的亚里士多德主义。

自然哲学的实验进路和数学进路并非亚里士多德本人工作的关键部分，但对于17世纪的亚里士多德主义者来说，它们变得越来越重要。耶稣会士是明确致力于坚持一种亚里士多德主义自然哲学的最明显例子，但里乔利和格里马尔迪等许多耶稣会士都做了与伽利略运动学有关的大量实验，而且把一些明显与亚里士多德相矛盾的观念和发现包括进来。同样，耶稣会士尼科洛·卡贝奥（1586—1650）拒绝接受吉尔伯特关于其磁学实验支持了哥白尼这一解释，但卡贝奥自己也做了大量磁学实验。到了17世纪末，耶稣会士已经在一种“亚里士多德主义”框架中采用了伽桑狄和笛卡尔所阐述的许多机械论观点。在其支持者看来，经院哲学仍然是一种有用而灵活的自然研究**方法**。他们虽然对17世纪的许多创新持保守态度，但仍然是科学革命的积极参与者和贡献者。

在科学革命过程中，亚里士多德主义的确遭遇了截然不同的强劲的竞争对手，这是在中世纪晚期没有遇到过的。在整个近代早期，新的世界观——磁的、化学论的、数学的、自然魔法的、机械论的，等等——均作为挑战者和貌似合理的替代品而出现，而经院哲学则力图将新的材料和观念吸收到一种“亚里士多德主义”框架中。不同世界体系的捍卫者之间的持续争论不仅引出了各种论战技巧，而且引出了对如何建立一种新的、最好是全面的自然哲学这一紧迫挑战的大量不拘一格的回应。从我们现代的角度来看，很难想象近代早期会发展出如此众多关于基本问题和方法的不同观点和进路，也很难想象越来越多的自然哲学家会以如此的热忱富有成果地探索他们的世界，并且设计出大大小小的体系来尝试理解所有这一切。16和17世纪之所以确实是“革命性的”，这是一个重要原因。

第五章

小宇宙和生命世界

除了月上世界和月下世界，还有第三个世界引起了近代思想家的注意，那就是人体这个“**小宇宙**”或“小世界”。近代早期的医生、解剖学家、化学家、机械论者等等，都密切关注我们所寄身的这个生命世界。他们探索其隐秘的结构，力图理解其功能，希望找到新的健康之道。人体的生命活力自然将人与地球上的其他生命——植物和动物——联系起来。在科学革命时期，这些生物的名录在激增，这不仅要归因于探险航行，也是因为显微镜被发明出来。显微镜揭示了平凡之物背后人们从未想到的复杂世界，以及一滴水中所包含的新生命世界。

医 学

人体是医生的首要关注对象，在整个中世纪盛期和近代早期，医学一直具有很高的社会地位和学术威望。医学院连同法学院和神学院构成了大学中的三个高等学院。1500年左右大学所传授的医学知识，是中世纪的阿拉伯人和拉丁人经验的累积，和以古希腊罗马的医学学说为基础所作的创新。盖伦、希波克拉底、伊本·西纳（又称阿维森纳，约980—1037）是主要权威，体液理论是这些医学知识的基础。体液理论主张，身体健康不仅需要各种器官正常运作，还需要体内四种体液的平衡。它们分别是血液、黏液、黄胆汁和黑胆汁，其相对比例决定了人的**气质**。四体液与亚里士多德的四元素相对应，遵循着后者的原初性质配对（图13）。

医生的职能是帮助重新建立体液平衡，这可以通过规定特种饮食、日常养生法和药物来实现。这种以盖伦学说为主导的医学使用的是“对抗疗法”，也就是说，如果病人由于体内黏液（冷和

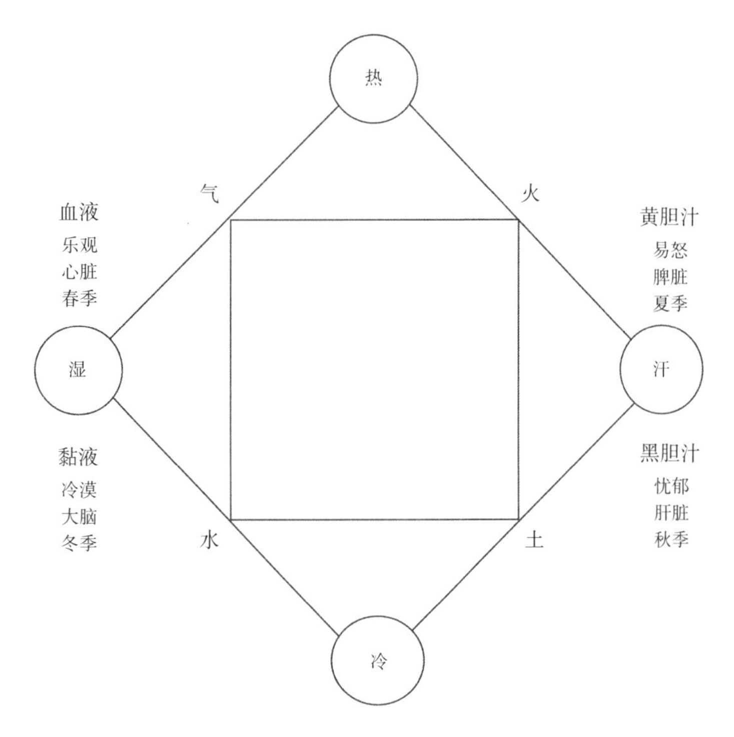

图13 “元素正方形”，显示了四元素的性质及其与四体液、四体质和四季的关系

湿的体液）过多而引发了“感冒”（cold，我们今天仍然沿用了盖伦医学对它的称谓），那么他可以服用热和干的食物和药物来帮助恢复体液平衡。发烧的病人则需要冷和湿的药物，洗冷水澡，或者通过放血疗法来排出多余的血液及其热性。

人们认为，月上世界与人体之间存在着许多关系，这充分表明了近代早期世界的关联性。大宇宙对小宇宙的影响基本上未被质疑，尽管这种相互作用的细节始终是有争议的。于是，占星学在诊断和治疗中发挥了关键作用，占星学的主要应用可能是医学而不是预测。每一个身体器官都对应着黄道上的一个宫，特别容易受到那颗在性质上与之相似的行星的影响（图14）。

例如，大脑是一个冷而湿的器官，它受月亮——一颗冷而湿的行星——的影响最大。[因此，大脑失常的人今天依然被称为lunatic（精神失常）——来自拉丁词luna（月亮）——或者更通俗地说是moony（发狂的）]。了解疾病发作时的行星位置有助于医生认识主要的环境影响，或者确认受到潜在影响的身体器官，从而作出诊断。不仅如此，每个人的体液都有一种独特的比例——被称为他的“**体质**”，这取决于人出生时占主导地位的行星影响。这意味着每个病人都必须恢复其特有的体质。

近代早期医学中没有整齐划一的治疗。治疗必须因人而异，同一种药物不会适用于所有人，特定的饮食和养生法也要与治疗并行。因此，为了弄清楚病人的体质，医生也许会考察病人的命盘。依据希波克拉底提出的“危险期”思想，在疾病的发展过程中存在着一些“危机”点，病人要想康复必须成功战胜它们，因

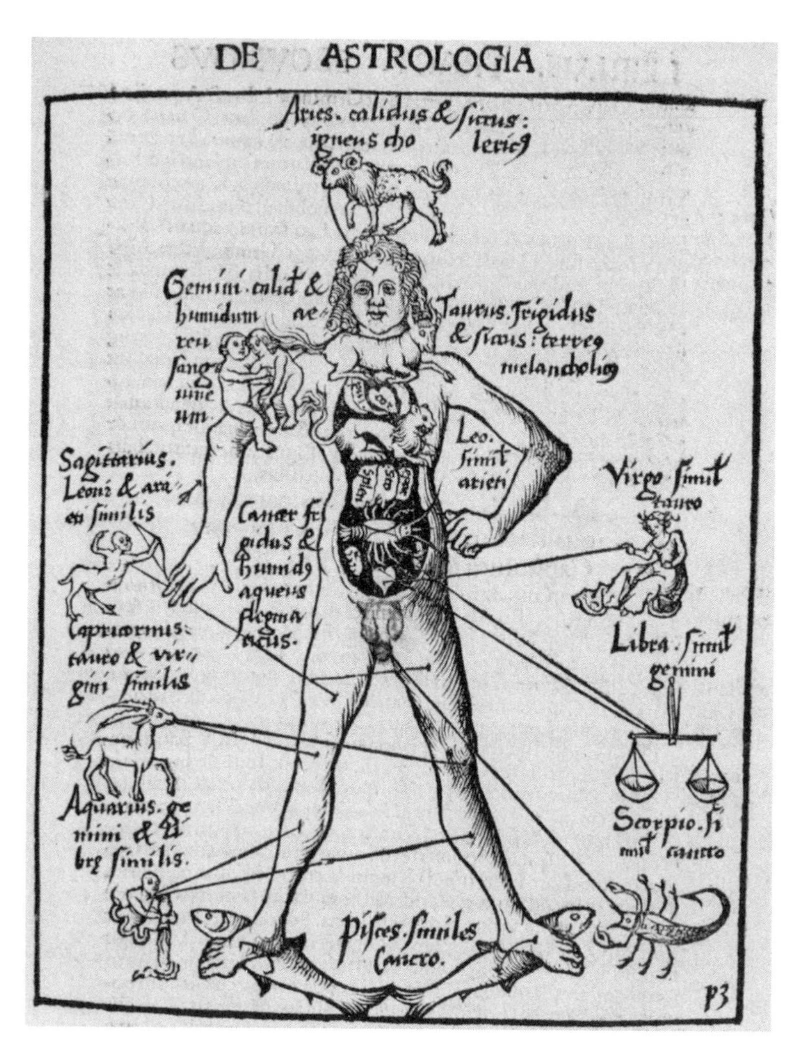

图14 该图显示了人体器官及其与黄道各宫的对应。源自近代早期的一部百科全书，格雷戈尔·赖因施编，《哲学珠玑》(弗赖堡，1503)

而占星学计算可能同样有助于安排治疗时间。诊断也依赖于尿液检查，便携的参考图列出了一览表，显示了病人尿液的颜色、气味、浓度甚至是味道，以及这些指标与不同疾病的关系。脉搏的快慢、节奏和强度也是如此。

在科学革命时期，医疗方法至少在执业医师那里并未发生显著改变。虽然在新的观念和发现的影响下有缓慢发展，但以盖伦和希波克拉底为核心的医学传统一直延续到18世纪（尽管占星学诊断在17世纪就已开始衰落）。这一延续既反映出医学院课程的稳定性，也反映出了医学行会或医学职业认证机构的保守态度。于是，创新往往来自非执业医师。然而，严格的医生职业许可仅限于那些大的城市中心。在大多数地方，维护人们健康的都是未受过或只受过些许正规医学教育的各类治疗师，其数量远远超过执业医师。几乎家家都为自己或邻居备着一系列家用医疗药品。药剂师使单方药和成药变得唾手可得，以至于几乎所有人都可以合成奇异药物（此举有时很危险）。手术一般由外科理发师（barber-surgeon）来做，与一般的外科医生相比，他们的地位较低，所受教育也不够正规。“江湖医生”（即提供各类药物和治疗的无照医生）发现还是城市中的生意最好做，虽然伦敦、巴黎和其他大城市经常禁止他们行医。与现代医疗迥异的是，有些治疗需要签订合同，换言之，医生的报酬依赖于治疗效果。

非执业医师对全新的医学研究方法（比如帕拉塞尔苏斯理论和17世纪的海尔蒙特理论）表现得更加热情，这往往对现有的医学体系构成了直接挑战。不过，医学中新的化学方法缓慢而持续地进入了官方药典和专业机构（如1518年成立的伦敦皇家医师学院）的医疗活动中。在法国，保守的巴黎医学院支持盖伦的医学，而蒙彼利埃医学院则支持帕拉塞尔苏斯的医学，两者针对化学药物的风险和回报展开了长达数十年的争论。这一冲突也反映了皇家的、集权的和占主导地位的巴黎天主教徒与外省的、新教徒为主的蒙彼利埃人之间的分歧。他们最激烈的争论涉及锑这种有毒矿物的医学用途，这场争论直到1658年才结束。当时路易十四在一次战役中病倒了，皇家医生的传统治疗不起作用，当地医生用含锑的酒使路易十四呕吐而治好了他的病。此后巴黎医学院不得不投票肯定了帕拉塞尔苏斯派使用“催吐药酒”的正当性。

解剖学

解剖学在近代早期取得了重大进展。尽管盖伦强调解剖学在古代的重要性，但罗马人认为解剖对尸体造成的冒犯在社会和道德上都是不可接受的，于是盖伦只能对猿和狗进行解剖，并将其发现类比于人体。（不过在担任角斗士医生期间，他无疑经常能够看到暴露的人体内脏。）在古代，只有埃及允许人体解剖，这可能是因为制作木乃伊需要经常开膛破肚、切除器官。然而在中世纪晚期，人体解剖在帕多瓦和博洛尼亚等意大利大学的医学院已被普遍接受。到了1300年左右，作为教学的一部分，医科学生必须观察人体解剖。认为天主教会禁止人体解剖不过是19世纪的一则毫无依据的谎言。当时人体解剖的主要限制因素是尸体短缺。由于体面的人不允许自己或其亲属的尸体在观众面前被陈列和切割，解剖用的尸体主要来自死刑犯，特别是外国死刑犯。

到了16世纪初，人们对人体解剖兴趣大增，尤其是在意大利，以1543年——哥白尼的《天球运行论》也出版于这一年——安德列亚斯·维萨留斯（1514—1564）的里程碑式著作《论人体结构》的出版为顶峰。维萨留斯出生于佛兰德斯，在帕多瓦大学学习，获得硕士学位后担任外科学讲师。在一位恰当安排了死刑执行时间（由于缺少冷冻或保存措施，尸体必须马上解剖）的法官的协助下，维萨留斯进行了大量细致的解剖。他注意到了盖伦等人的错误，以新的方式对人体各个部分作了归类，不仅依据其功能也依据其结构。在维萨留斯的亲自监督下，提香工作室的艺术家们凭借高超技艺绘制了精细的解剖图。这是《论人体结构》的一个主要特色，书的正文详细解释了每一幅插图和相应的解剖学特征。倘若没有印刷术，制作插图如此丰富的书是不可能的。但这部巨著仍然过于昂贵，促使维萨留斯又制作了一部供学生使用的廉价本，他的思想、发现和组织原则也因此广泛流传开来。对解剖学与日俱增的兴趣促使人们修建了解剖室，它首先出现在帕多瓦大学（1594），接着在莱顿大学（1596）、博洛尼亚大学（1637）等地。虽然旨在服务于医科教学，这些解剖室——尤其是北欧的那些——也引起了一般公众的兴趣。

解剖并不限于人体或医学院。随着科学社团在17世纪的兴起，动物解剖成为社团活动的一个重要部分。17世纪70年代和80年代，成立不久的巴黎皇家科学院收到了在路易十四动物园中死去的异国动物的尸体，包括鸵鸟、狮子、变色龙、瞪羚、海狸、骆驼各一只。解剖骆驼时，科学院院长克劳德·佩罗（1613—1688）不小心被解剖刀划伤，死于感染。在17世纪50年代和60年代的牛津和伦敦皇家学会，一些人在实验中不仅解剖尸体，而且也对活体动物特别是狗进行解剖。许多实验在现代读者看来过于恐怖（波义耳即因此而心绪不宁）。这些实验力图了解神经、肌腱、肺、静脉和动脉的实际运作。实验中常常会注入各种液体，观察它们在身体中的流动及其生理效应，有时会进行跨物种的输血，甚至为了治病而把健康的羊血直接输给病人。

对血液和人体内液体运动的兴趣部分源于威廉·哈维（1578—1657）1628年发表的主张血液循环的观点。根据盖伦的说法，静脉系统和动脉系统是分离的。肝脏持续产生深色的静脉血，静脉把这些营养液输送到全身。一部分静脉血流入心脏，并且流经将左右心室分隔开来的膈膜上的孔洞。经由肺动脉从肺部抽出的空气把静脉血变成了鲜红的动脉血，然后通过动脉系统为全身输送营养。没有血液返回心脏。但16世纪的解剖学家发现了盖伦体系的问题。他们质疑心脏膈膜中是否存在孔洞，并且发现肺动脉充满了血液而非空气。后一发现引出了“小循环”的猜想：静脉血由心脏出发，经由肺返回心脏，然后流到全身。在帕多瓦大学，哈维跟随当时一些最伟大的解剖学家学习，特别是吉罗拉莫·法布里齐奥·阿奎彭登特（1537—1619），后者描述了自己在静脉中发现的“瓣膜”。哈维后来说，此发现促使他开始思考一个更大的血液循环系统。

哈维指出，倘若血液没有以某种方式再循环，则心脏泵出的血液量很快就会耗尽全身的血液供应。他用绷带来选择性地阻止血液流动，用实验导出了“大循环”，即心脏通过与之相连的动脉系统和静脉系统循环地泵出血液。哈维认为血液循环运动令人满意，因为它意味着小宇宙模仿着天界大宇宙，这个大宇宙的自然圆周运动在亚里士多德看来是最完美的运动。实际上，哈维坚持着亚里士多德的进路和方法，对心脏和血液的重视也部分缘于亚里士多德为其赋予的核心地位。这个例子再次说明，亚里士多德在科学革命时期一直很重要。然而，哈维无法找到连接静脉与动脉的毛细血管。哈维去世四年后，马尔塞洛·马尔比基（1628—1694）才第一次发现了这些结构。马尔比基发现，流经毛细血管的血液将青蛙透明的肺部组织中的静脉系统与动脉系统连接了起来。他推测，类似的血管连接了全身的静脉和动脉。为了进行这一观察，马尔比基使用了一项新近的发明——显微镜。

显微镜、机械论和生成

关于显微镜在17世纪初的起源，我们并不很清楚，但是和它的伙伴望远镜一样，显微镜揭示了一个新世界，激发出了新的思想。伽利略曾经用一个与望远镜类似的装置把小物体放大，但第一批显微镜绘图出现在弗朗切斯科·斯泰卢蒂和费代里科·切西1625年所做的蜜蜂研究中。他们将该研究献给了教皇乌尔班八世，因为蜜蜂是教皇所属的巴尔贝里尼家族的族徽。17世纪60年代，胡克制作了一架改良的显微镜来考察各种东西，从虱子等小昆虫到霜晶，再到软木的精细结构，不一而足。他发现软木被分成了一个个腔室，并称之为“修道院单人小室”（cell），因为它们非常类似于修道院的住处。安东尼·范·列文虎克（1632—1723）是荷兰代尔夫特的一名布商和测绘员，他设计了当时最简单且最强大的放大镜。他用一个极小的玻璃珠作为单透镜，制作了五百多架显微镜，发表的显微学观察之多可以说前无古人。他将各种东西置于显微镜下，观察到了人和动物精液中的“虫子”、血液中的血球（以及它们在小鳗鱼尾部毛细血管中的流动）、牙垢中的细菌，还有池水和植物浸剂中成群的“小动物”。他对精子的发现引发了关于动植物生成的本性的热烈讨论。列文虎克本人支持**预成论**，主张新生后代的微小版本存在于各自的精子中，或者根据一些同时代人的说法，存在于各自的卵子中。与此相反的**渐成论**则主张，胚胎结构是在妊娠期间的各个阶段重新产生的。预成论尤其吸引机械论哲学家，因为它将生成归结为单纯的机械生长，即微小的有机体通过吸收新物质而逐渐长大。预成论由此抛弃了渐成论者大都认为不可或缺的非物质生命活力。渐成论者认为只有依靠生命活力，无形的物质——精液和/或经血或卵液——才能变成有组织的、分化的胚胎。作为渐成论者，哈维打碎了处于不同发育阶段的鸡蛋，观察到血液最先形成，他认为这证明血液是生命和一种主导幼体形成的生命灵魂（vital soul）的存在之所。然而，预成论同样引出了问题，即新有机体的微小形式位于何处以及实际上何时开始出现。少数人提出，未来所有后代都被一个套一个地包含在上帝创造的某个物种的第一个个体中。

显微镜揭示出了生命体中类似机械的结构，机械论者对此尤为兴奋，因此17世纪末的显微学家大都是机械论者。他们之所以支持哈维的血液循环理论，部分是因为它将心脏刻画成一个泵（一个机械装置，尽管哈维本人远非机械论者）；他们力图将复杂的生命系统归结为机械原则。例如，乔万尼·阿方索·博雷利（1608—1679）在佛罗伦萨用简单机械来分析动物的运动，将骨骼、肌腱和肌肉理解成杠杆、支点和绳索，将体液和血管理解成液压装置和水管，从而创立了后来所谓的生物力学。尼赫迈亚·格鲁（1641—1712）在伦敦探索了植物隐秘的解剖结构，帮助建立了植物生理学。一些机械论者甚至希望改进的显微镜能使人直接观察到原子及其形状和运动，从而展示机械论哲学的基本解释原则。

和所有其他观察一样，显微镜观察也会遇到相互冲突的解释。可以把精子的发现解释为对预成论的支持。当时的人发现，腐水中会自然产生大量生物，这强烈支持了已有的自然生成说，即生物可以从非生命物质中出现；而这又支持了一种渐成论观念，即生命结构可以从原本无组织的物质中产生。数个世纪以来，自然哲学家大都认为简单生命是在特定环境下自然出现的，比如腐烂的牛的尸体产生蜜蜂，泥浆产生蠕虫，腐肉产生蛆虫。在17世纪60年代于美第奇宫廷完成的一系列著名实验中，弗朗切斯科·雷迪（1626—1697）将几块肉放至腐烂，有的覆上网孔或布料，有的露天搁置。露天搁置的肉生了蛆，而防止苍蝇接近的肉则没有生蛆。和大多数事后认为的“决定性”实验一样，雷迪的实验并未立即消除自然生成说，因为该事实还可以作（也的确作了）其他解释。雷迪本人也承认，某些昆虫——如橡树瘿蜂——或许是从植物中直接产生的。现代人常常嘲笑自然生成说，但需要指出的是，当时任何近代科学家只要不相信第一个生命形式是通过上帝的奇迹介入而特创的，就只能相信生命是从非生命物质中自然生成的。

不论是显微镜还是对生命系统的机械论看法均未实现预期结果。受当时可资利用的材料和光学系统的制约，显微镜很快就达到了放大率和分辨率的极限。显微镜研究表明生命系统极为复杂，机械论解释越来越难以解释生命的形成或功能。然而即使在机械论最盛行之时，也出现了许多更具生机论色彩的模型。事实上在17世纪，生命与非生命的区分并不清晰，许多思想家都将机械论体系与生机论体系混合在了一起。例如，很少有机械论者会严格到否认生命系统中存在着赋予活力的灵魂。这种灵魂并不必然类似于基督教神学所说的那个非物质的、不朽的人的灵魂，而是被认为以各种形式或层次存在于各种实体中［对现代读者而言，也许用“生命精气”（vital spirit）一词能够更好地表达这个概念］。这些观念可以追溯到亚里士多德，他曾经提出灵魂的三种层次：植物中的**营养**灵魂，负责生长和营养吸收；动物除了营养灵魂还有一种**感觉**灵魂，负责感觉和运动；人除了营养灵魂和感觉灵魂之外还有一种**理性**灵魂，负责思维和理性。在许多人看来，虽然机械原则可以解释特定的身体功能和结构，但是整个有机体——更不要说意识和知觉——需要灵魂来组织和维持。

海尔蒙特的学说

17世纪出现的最全面的新医学体系也许是佛兰德斯的贵族、医生、化学家和自然哲学家海尔蒙特（1579—1644）的学说。海尔蒙特将化学、医学、神学、实验和实践经验结合成一个连贯的、极有影响的体系。他的自述表达了对传统学问的不满和对追求新知的渴望，这是科学革命时期思想家的典型态度。他讲述了自己如何进入鲁汶大学，然后又因为觉得学无所成而没有接受学位。他又向一些耶稣会士学习，还是一无所获。接着他获得了医学博士学位，却发现医学的基础已经“腐烂”，而后又转向帕拉塞尔苏斯的学说，最终还是拒绝了它的大部分内容。海尔蒙特因此决心从头开始，自称“火的哲学家”，意指其训练并非来自传统学问，而是来自化学熔炉中的实验。的确，海尔蒙特是一位杰出的观察者，他描述了多种疾病的起源、症状和病情发展，如果没有他，这些疾病要几个世纪后才能得到认识。

海尔蒙特拒绝接受亚里士多德的四元素理论和帕拉塞尔苏斯所说的三要素，他宣称水是构成万物的唯一元素。这个想法不仅让人想起已知最早的希腊哲学家泰勒斯，而且（在海尔蒙特看来）更重要的是，它会让人想起《创世记》1: 2所说的，神的灵“[像母鸡一样]覆在**水**面上”而产生了世界。这位比利时哲学家试图用实验来确证这种想法，最著名的便是柳树实验。海尔蒙特在二百磅的土壤中种了一棵五磅重的柳树苗，为它浇水五年，最后柳树重一百六十四磅而土壤重量基本没有减轻。海尔蒙特由此得出结论，认为树的整个构成必定只来自水。根据海尔蒙特的说法，创世时植入世界的种子（*semina*）能把水转变成任何物质。这些种子并不是像豆子那样的有形种子，而是非物质的组织原则，如同把蛋黄液组织成一只鸡的那种无形的生命本原。火和腐烂过程摧毁了种子及其组织能力，把原来的物质变成了类似空气的物质，海尔蒙特称之为“气体”[*Gas*，这个词来自chaos（混乱），我们用来表示第三种物态的词便是直接来源于它]。于是，燃烧的木炭和发酵的啤酒会散发出令人窒息的林木气，燃烧的硫黄会散发出带有恶臭的硫黄气。在大气层的寒冷部分，这种气体复归为原始的水并下落成雨，从而完成了水在海尔蒙特的自然体系中的相继变化所构成的循环。

海尔蒙特主张身体过程本质上是化学的，这一观点类似于帕拉塞尔苏斯但更为精致。他认识到胃液的酸性是消化的原因，并且对体液作了分析，特别是通过分析尿液来寻找肾结石和膀胱结石的病因和治疗方案——结石曾是17世纪最令人痛苦的疾病之一。然而，单单是化学过程并不足以解释生命过程，它们还必须依靠寓于体内的一种类似于精气的东西即阿契厄斯（*archeus*）的引导。对海尔蒙特而言，阿契厄斯调节和管理着人体的机能。疾病缘于虚弱的阿契厄斯无法履行自身的职责，因此医学上的治疗必须着眼于增强阿契厄斯的力量。于是，海尔蒙特拒绝接受盖伦所说的体质观念、四体液和治疗方法。他认为，像瘟疫这样的疾病并非由于体液失衡，而是由于外界的疾病“种子”侵入和改变了身体。强大的阿契厄斯可以驱散这些种子，而虚弱的阿契厄斯则需要帮助。（注意，在盖伦和海尔蒙特的医学中，医生的作用都是**辅助**自然过程，而不是使自然过程转向或者对身体加以控制。）海尔蒙特也强调病人心理状态和情绪状态的作用，并且声称，想象力可以引起身体的生理变化。海尔蒙特的观念深刻地影响了许多医生、生理学家和化学家。

机械论和生机论的生命观并非不可调和，而是处于一个连续谱系的两端，许多医生和自然哲学家都采取了中间立场。与海尔蒙特同时代的伽桑狄也认为，种子是能够重新组织物质的强有力的本原。但海尔蒙特的种子是非物质的，而伽桑狄的种子则是机械地作用于物质的（由上帝组织的）物理原子的特殊结合。事实上，机械论和生机论的思辨在18世纪产生了混合的医学体系，例如格奥尔格·恩斯特·施塔尔（1659—1734）的体系既强调化学转变的机械性质，又要求生命力对生命系统进行组织和控制。赫尔曼·布尔哈夫（1668—1738）也许是18世纪医学尤其是教学法方面最有影响的人物，他将17世纪自然哲学的不同潮流融合在一起。作为莱顿大学医学院的化学和医学教授，布尔哈夫既大力倡导希波克拉底的治疗方法（强调环境和病人的个人特征），也强调化学对于医学教育的重要性。他研究医学和人体的进路结合了波义耳的机械论哲学、牛顿物理学和海尔蒙特的“种子”说。布尔哈夫的医学教育改革被欧洲许多地区所采用（因此他有时被称为“欧洲之师”），并为18世纪医学的重要转变奠定了基础。

植物和动物

对植物和动物的研究——我们今天所谓的植物学和动物学——在16和17世纪大大扩展。这类材料的传统文本出自一种百科全书传统，它源自老普林尼（23—79）为了搜集希腊学术并向罗马公众普及而编写的巨著《博物志》。关于动植物的百科全书式论述充满中世纪的本草志和动物寓言集，这类著作一直持续到科学革命时期。其中最著名的之一是康拉德·格斯纳（1516—1565）所著的五卷本《动物志》，其中附有数百幅木刻画。然而，现代读者会觉得这类著作很怪异，因为它们将关于各物种的自然主义细节描述，与自古以来针对每一种动植物累积起来的大量文学、词源学、圣经、道德、神话学和隐喻含义混杂在一起。倘若描述孔雀不提它的傲慢，说到蛇不提它在亚当堕落中扮演的欺骗者角色，提及车前草（一种生长在人行道旁的普通植物）而未指出它意味着基督常走的道路，那么这样的描述必定是不完整的。它并未把动植物呈现为孤立的物种，而是将其置于一个丰富的意义和典故网络之中。动植物既是自然物又是象征，后者依赖于对世界的想象，这个世界有多层意义，**既是**由字面意义**又是**由隐喻意义构成的，充满了有待解读的象征性寓意。因此，得到描述的不仅有人所熟知的生物，也有传说中的动物，如独角兽、龙和各种怪兽。这并不必然是因为作者相信它们出没于地球，而更多是因为它们存在于文学世界因此承载着意义，无论它们是否存在于自然界。现代读者也许会认为这些文本“离奇”、轻信或充斥着“非科学的琐事”，但当初的读者很可能会认为现代植物学和动物学的描述性文本枯燥乏味，而且古怪地脱离了与人类的关系。

近代早期有两项进展使这一象征传统转移到了别的方向。首先是医学需要辨认草药。随着人文主义学者继续复原、编辑和出版希腊医学文献，人们越来越需要识别这些文献中提到的药用植物，并且确定它们在野外的生长方位。因此就需要新的本草志将古代文献与16世纪田野中生长的植物关联起来。为此，新的本草志不仅将草药的常用名与其古希腊名称相联系，而且为其绘制了准确的自然主义插图。就像维萨留斯与提香工作室中的艺术家们合作一样，16世纪的新一代植物学家和艺术家合作完成了配有大量写生插图的本草志，例如奥托·布伦费尔斯的《本草活图》（1530—1536）、莱昂哈特·富克斯的《植物志》（1542）。另一项进展是欧洲人视野的拓宽。在最狭窄的层面上，迪奥斯科里季斯等古代权威描述的主要是地中海地区的植物，而并未认识北欧的物种，因此有必要对没有古典词源系谱的植物作出描述。在欧洲以外（尤其是美洲）航海首次遇到的无数动植物也有同样的问题，但范围要大得多。马铃薯、玉米、西红柿等食用植物，“金鸡纳树皮”（奎宁的来源，可治疗疟疾）等药用植物，以及负鼠、美洲虎、犰狳等新发现的动物，大大扩展了欧洲人知晓的动植物种类。这些新物种没有建立起对应性和象征性的网络，无法纳入传统的本草志和动物寓言集。来自新世界的大部分报告首先到达西班牙，那些应国王之嘱组织信息的学者不得不放弃了基于普林尼等古典模式的传统百科全书方法，不仅因为新发现使传统分类过时了，还因为持续涌入的新的信息使学者们不可能对这些知识进行全面的整理。

新世界的西班牙人往往是修会成员，他们试图记录当地的植物、动物和医疗活动，有时会与当地学者合作编写插图文本。有时被称为“新世界的普林尼”的何塞·德·阿科斯塔（1539—1600）是秘鲁的耶稣会士，他不仅创建了五所学院，还写了一本拉丁美洲的博物志，该书在欧洲被广为出版、翻译和引用。1570年，西班牙国王菲利普二世派他的医生弗朗西斯科·埃尔南德斯随探险队前往新世界专门寻找药用植物。埃尔南德斯花了七年时间（主要是在墨西哥）为植物编目，并且向当地治疗师询问它们的药效，一批当地艺术家则为六卷本的《新西班牙的动物和植物》绘制了大量插图（该书描述了大约三千种植物和数十种动物）。由于实在无法将新的植物纳入古典分类方案，埃尔南德斯甚至采用当地名称来创建一种新的植物分类学。与此同时，方济各会修士贝尔纳迪诺·德·萨阿贡（1499—1590）在数位阿兹特克助手和信息员的协助下在墨西哥特拉特洛尔科的圣克鲁斯学院完成了《新西班牙风物通志》。这是一部用西班牙语和纳瓦语双语写成的长篇巨著，描述了阿兹特克人的文化、习俗、社会和语言。在西班牙本土，医生莫纳德斯（1493—1588）编写了《西印度风物医药志》，描述了数十种来自新世界的物种。加西亚·德·奥塔（1501—1568）和克里斯托旺·达·科斯塔（1515—1594）等葡萄牙学者也描述了他们在印度以及东亚和南亚其他地区新发现的动物和药用植物。

对新药物的寻求促进了对新植物的研究，也因此促进了植物园的建立，它们通常附属于大学的医学院。在整个中世纪，药用植物园一直是修道院的一部分，新的植物园在此基础上建立起来，并且为了教学和研究的目的而扩展。第一批植物园于16世纪40年代出现在意大利的比萨大学和帕多瓦大学，1568年出现在博洛尼亚大学，随之建立的还有药用植物学的教席。其他医学教育中心相继建立了自己的植物园，例如巴伦西亚大学（1567）、莱顿大学（1577）、莱比锡大学（1579）、巴黎大学（1597）、蒙彼利埃大学（1598）、牛津大学（1621）等等。这些植物园以严格的秩序进行安排，依照药性、形态学或地理起源将植物进行分组。植物的种子、根、插条和球茎被人们寻求、购买和交换，全欧洲植物园中的植物种类因此得以扩充。私人也开始对珍稀植物的栽培和育种感兴趣，从而引发了17世纪荷兰著名的“郁金香狂热”。在荷兰，新兴的中产阶级投入巨资购买珍稀品种，艺术家则通过静物写生来保存这些奇花异草。

对异国珍稀品种的广泛兴趣也反映在“珍奇馆”（图15）所收藏的所有种类的自然标本中。这些收藏在某种意义上是博物馆的前身，能够显示收藏者的权力、财富、人脉和兴趣，也能激起人们对自然和人工奇迹的惊叹。王公贵族和学者们积累的收藏既包括自然物，如动物、植物和矿物标本，也包括人工物，如机械发明、绝妙的手工艺制品以及人种学和考古学物品。乌利塞·阿尔德罗万迪（1522—1605）是最早收集此类藏品的人之一（部分藏品仍然藏于博洛尼亚大学），基歇尔在罗马学院的博物馆（他

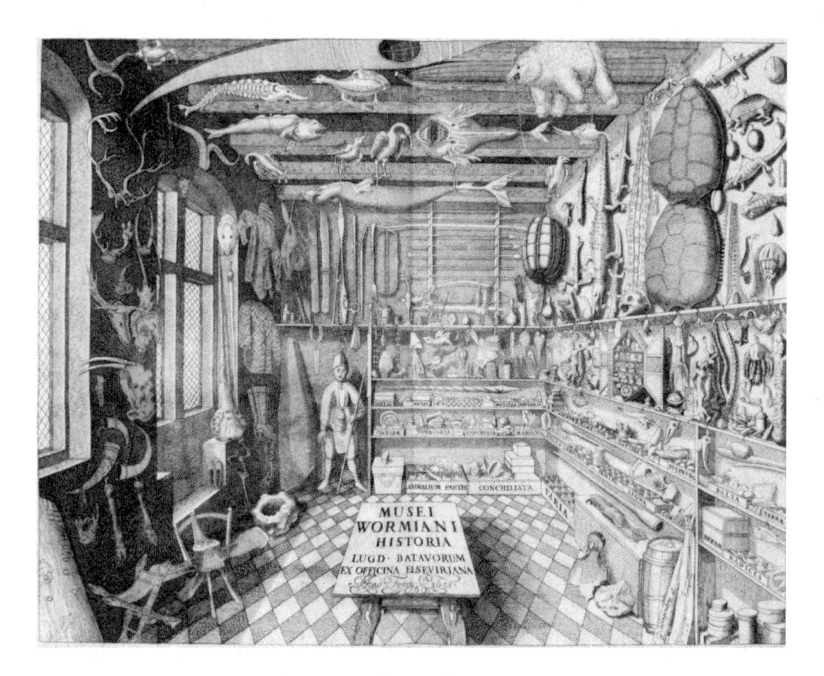

图15　奥勒·沃姆的珍奇馆，出自《沃姆博物馆》（莱顿，1655）

亲自做导游）是17世纪罗马游客的“必访之地”。展柜中物品的排列侧重于物品之间的关联，这些关联常常出乎我们的意料。于是，这些展柜成了另一种小宇宙，一室之内便可展示和象征相互关联的人与自然的多样性、奇异性和异国风情。

第六章

科学世界的建立

科学不只是关于自然界的研究和知识积累。从中世纪晚期至今，科学知识被越来越多地用于改变这个世界，赋予人类更大的能力控制世界，并且创造出新的世界让我们居住，我们似乎与自然界渐趋疏离。现如今，人类日益被技术创造的人工世界所包围。只有当技术出问题时，我们才发现自己是多么依赖技术，此时我们就像中世纪的农民面对久旱无雨一样感到无助。因此，当自然界通过侵扰这个人工世界来重新彰显自己的力量，比如陨石或太阳耀斑干扰卫星通信、雷击切断电能，或者火山爆发使飞机停运时，现代人往往会惊恐万状。在过去几个世纪里，技术扩张最彻底地改变了人类的日常世界。与此同时，技术的发展也依赖并且促进科学上的探索。16和17世纪发生了一次特殊的转向，即用科学研究和科学知识来解决当时的问题，满足当时的需求。

人工世界

在文艺复兴时期的意大利，新的宏伟工程改变了自然和城市的面貌。运河和供水系统占用了新的土地，提供了饮用水和运输路线。菲利波·布鲁内莱斯基（1377—1446）用新的建筑技术为大教堂建造了一座巨大的双层圆顶，重塑了佛罗伦萨的天际轮廓。新的城市设计体现了人文主义者对公民生活、对执政君主智慧与权力的强调，新的防御工事则用来保护他们的利益。通常情况下，一项新技术会推动其他技术的发展。军事技术在15世纪发生了转变，火药的使用日益增多，轻便的青铜大炮也被制造出来，这一切都使中世纪的防御工事变得过时——其屹立的城垛正是火炮的极好目标。因此，必须发展一种新的防御系统。新的防御设计利用了几何原理，成为贵族教育的必修内容。先是在16世纪的意大利，然后在其他地方，迫切的实际问题（以及君主的野心）造就了一个由博学的工程师和建筑师所组成的群体，他们以古代的阿基米德和维特鲁威为榜样，愈发倾向于运用数学原理和分析来解决实际问题。这一新兴群体既非只重手工经验积累的工匠，亦非远离实际事务的学者，而是介于他们之间。科学革命的一个基本特征是越来越多地利用数学来研究世界，恰恰是这批人为此提供了关键的背景。达·芬奇（1452—1519）和16世纪中叶的军事工程师塔尔塔利亚都是这一“中间”群体的早期例子。到了16世纪末，伽利略从这些博学的工程师那里汲取了灵感，借鉴了方法。

改建罗马城的灵感来自实用性和效仿古人的人文主义渴望。教皇资助研究和重建了古老的水道和排水系统。建于公元4世纪的旧圣彼得大教堂被推倒重建，宏伟的新圣彼得大教堂矗立至今。此举激励了16世纪的一项宏伟的工程——移动梵蒂冈的方尖碑。这是罗马人在公元1世纪竖立的一块六层楼高的巨石，重逾三百六十吨。1585年，由于方尖碑妨碍了新的圣彼得大教堂的建设，教皇西克斯图斯五世悬赏征集方案，将这块古埃及巨石移到新的位置。这是方尖碑在1500年里第一次移位。最后，工程师多梅尼科·丰塔纳（1543—1607）竞标成功。1586年4月30日，利用七十五匹马、九百个人、四十台卷扬机、五个五十英尺长的杠杆和八英里的绳索，丰塔纳成功地将这块装在铁架内的巨石抬离了基座。教皇对这项工程异常重视，甚至不惜将新落成的一部分圣彼得大教堂拆除，以使杠杆和卷扬机最好地发挥作用。接着，丰塔纳将方尖碑放低置于一个移动托架之上（图16），沿堤道运走，将其重新竖立于今天的所在地——圣彼得广场中心。

文艺复兴时期的成就及其背后的经济和军事动力都需要原料。因此，1460至1550年见证了采矿业的繁荣，特别是在矿产资源最为丰富的中欧地区。中世纪的采矿主要是开采地表矿藏等小规模活动。但近代早期欧洲的需求——武器和火炮需要铁和铜，造币需要白银和黄金——催生了更有条理、更大规模的采矿以及更好的冶炼、精炼技术。更深的竖井和更大的规模除了要求组织更多的劳力外，还要求更多的机械化——用水车驱动风箱和破岩设备，用泵为矿井排水和通风。德国人文主义者和教育家乔治·阿格里科拉（1494—1555）也许是最有名的记述采矿的作者，他希望对采矿知识进行整理和改进。为使这项原本肮脏的行业受到敬重，他撰写了富含插图的拉丁文巨著《论金属》，把德国采矿活动与古典文献联系起来，并且为冶金学创造了一套拉丁文词汇。阿格里科拉的插图中偶尔出现的伐木、烟尘和废水横流等

图16 移动梵蒂冈的方尖碑，出自多梅尼科·丰塔纳同名作品（罗马，1590）

场景，预言了此种技术持续发展将会伴随着何等惨痛的环境代价。对实际从业者更有用的也许是采矿业的监督人埃尔克（约1530—1594）的德语著作。他的著作论述了如何实际处理矿石、测定金属、制备酸类和盐类化学产品，包括火药的最重要成分硝石。采矿业到16世纪中叶便衰落了，既是因为欧洲矿藏的枯竭，也是因为来自新世界的金属压低了金属价格，使欧洲采矿业已不那么有利可图。

对新世界的期待促进了制图学和航海的发展。中世纪晚期的航海图，或称波尔托兰海图，只标明了海岸线，一些特定的点覆盖着玫瑰花形的罗盘航向。这些图可用于地中海地区或沿海岸线的相对较短的航行，但不具备地理投影效果，也不能用于越洋航行。托勒密写于公元2世纪的《地理学》在15世纪被重新发现，它用东西线和南北线（分别为经度和纬度）所组成的网格来绘制地图。15世纪末的地图——如瓦尔德泽米勒的地图——采用了这种方法，图中弯曲的纬度线和经度线向两极会聚。佛兰德斯制图师墨卡托（1512—1594）普及了如今广为人知的墨卡托投影法，其中经线相互平行，并与垂直的纬线相交成直角。虽然它扭曲了高纬度地区的大陆块，但这种把球形地球投影到平面地图上的方法更便于导航（至少在低纬度地区），因此深受西班牙宇宙志学者和航海家的青睐。

罗盘和象限仪——分别用来确定航向和纬度——自中世纪以来就被用于航海，但确定经度的可靠方法尚付阙如。当船在欧洲水域或陆地视线范围内航行时，这尚不构成严重的问题。但如果没有准确的经度测量，越洋航行将非常危险。由于定位同时需要纬度和经度，对于制图员和航海家来说，缺少经度是十分严重的问题，找到测定经度的方法已经成为这一时期最迫切的技术问题。西班牙、荷兰、法国和英格兰等相互竞争的航海国家都高额悬赏，征集测定经度的可靠方法。

测时是测定经度的关键。两个地方的本地时间每相差一小时，经度就相差十五度（因此一个现代“时区”大约宽十五度）。然而，如何同时知道两个遥远地点的时间呢？可以带着在船的始发地设定的时钟，将其读数与由观测太阳或星星的位置所确定的船所在地的时间相比较。不幸的是，近代早期时钟的误差有每天二十分钟之多。伽利略观察到，不论振幅多大，摆的节奏是恒定的，这暗示了一种新的计时调节器。他在软禁期间开始设计一种由摆调节的时钟，但从未制造出来。1656年，荷兰的克里斯蒂安·惠更斯制造出了第一个可使用的摆钟，使可靠性大幅提升，至少对于陆地上的时钟是如此。在颠簸的船上，摆钟无法精确运行。此后，惠更斯和胡克各自独立试验了以弹簧为动力的时钟，但事实证明，它们在船上走得也不够精确。不过，胡克在研究弹簧的过程中提出了弹簧的拉伸与受力之间的关系，即今天所谓的“胡克定律”，惠更斯的工作也使简谐运动定律得到了改进。（经度问题本身直到18世纪才得到解决：英格兰仪器制造者约翰·哈里森设计出一种新的精密计时器，使时钟即使在海上也能精确运行。）

除了人造时钟还有天体钟，即某个天文事件，它在参照位置的发生时间可以计算出来，然后与该事件在观察者所在位置发生时的本地时间相比较。16世纪的西班牙宇宙志学者通过对月食的坐标观测，成功地测定了西班牙帝国殖民地的经度，但月食对于航海来说太过罕见。然而，木星四颗卫星的食发生得更为频繁，最里面的卫星木卫一每四十二小时就发生一次食，伽利略建议把它们用作计时器。天文学家吉安·多梅尼科·卡西尼（1625—1712）最充分地探索了这种想法，于17世纪60年代编制了这些食的时间表。然而，虽然这个系统在陆地上管用（它曾被成功地用于修正陆地地图），但事实再次证明，在移动的船上用望远镜观测食是不现实的。不过在检验这种想法的过程中，观测者们注意到，一些食的发生时间要比预计的晚几分钟。丹麦自然哲学家奥勒·罗默（1644—1710）注意到，当木星距离地球最远时，这一误差达到最大，遂于1676年提出光速是有限的（食的表观延迟缘于光在空间中的传播时间），从而使粗略测量光速成为可能。

这寥寥几个例子表明，技术应用与科学发现有着千丝万缕的联系，两者相互驱动和促进。"纯粹"科学与"应用"科学的对立并不适用于17世纪。如果贬低实际需要——无论是军事、经济、工业、医疗还是社会政治方面的需要——对于促进科学革命发展的重要性，将会与真实的历史情形背道而驰。

一提到科学发现与实际应用的关联，人们往往会想到弗朗西斯·培根爵士（1561—1626）。培根出生于一个社会地位很高的家庭，受过律师教育，曾任国会议员，被授予维鲁拉姆勋爵爵位，最终担任了英国上议院的大法官（因涉嫌受贿被罢免），其一生中的大多数时间都居住在权力的宫殿之中。因此,关于权力的话题和帝国的建筑一直在他的思考范围中。他主张自然哲学知识应当**为人所用**,因为它能够为人类和国家增添福祉。培根将当时的自然哲学刻画为——或讽刺为——毫无价值,它的方法和目标被误导,从事自然哲学的人终日陷入语词之争,对于具体工作却视而不见。事实上,虽然培根对自然魔法的形而上学基础表示了怀疑,但他称赞了魔法,因为魔法"主张要把自然哲学从各种思辨召回到重要的具体工作"。自然哲学应当具备**操作性**而非思辨性——应当做事情,制造东西,赋予人类以力量。他认为,印刷术、指南针和火药等所有技术成果构成了人类历史中最具变革性的力量。因此,培根呼吁"彻底重建科学、艺术和所有人类知识"。

方法论对于培根渴望的变革至关重要。他主张编纂"博物志",即广泛收集观察到的现象,无论这些现象是自发出现的还是人为实验的结果,即他所谓的强迫自然偏离其日常进程。充分收集原始材料之后,自然哲学家就可以将其结合在一起,通过归纳过程提出越来越普遍的原理。关键是要避免过早提出理论、进行纸上谈兵的思辨和建立宏大的解释体系。一旦发现更一般的自然原理,就应当富有成效地运用它们。然而,培根并非主张一种完全的功利主义。实验不仅在产生结果(实际应用)时有用,在启迪心智时也有用。真正的自然知识同时致力于"荣耀造物主和抚慰人的处境"。虽然培根明确指出,壮大和扩张英国是其事业的一个目标——他请求给予他的改革思路以国家支持,但伊丽莎白一世和詹姆斯一世都没有作出回应——但在更长远的意义上,培根认为这种操作性知识旨在重新获得神在《创世记》中赐予人类，却随着“亚当的堕落”而失去的统治自然的权力。

至关重要的是，培根思索的不仅是自然哲学的方法和目标，还有其体制结构和社会结构。他坚持认为，必须用合作的集体活动取代独自做学术研究的过时理想。事实上，培根所制定的事实收集方案需要大量劳动力，虽然他本人也着手进行收集，但他所能完成的非常少。培根晚年在一则乌托邦式的寓言《新大西岛》（1626）中表达了他所设想的改革后的自然哲学以及由此可能创建的更好的社会。这个故事描述了太平洋上一个和平、宽容、自给自足的基督教王国——本色列岛。这个岛上的生活之所以幸福，不仅是因为有贤明的君主，更是因为有所罗门宫，这是一个由国家资助的自然研究机构，致力于“认识事物的原因和秘密的运动；拓展人类王国的疆界，实现一切可能之事”。所罗门宫的成员集体研究自然，尽管有劳动分工和等级安排——较低等级的收集材料，中间等级的做实验和进行指导，最高等级的进行解释。在本色列岛，培根式的自然哲学家形成了一个受政府支持的、备受尊敬和有特权的社会阶层，服务于国家和社会。当17世纪欧洲的许多自然哲学家正在为其社会地位而努力抗争时，培根的愿景无疑令他们感到鼓舞。

科学社团的兴起

今天，科学研究无所不在，其中一些研究与所罗门宫的某些特征甚至不无相似之处。科学家的工作场地有大学，有政府的、企业的和独立的实验室，有大型特殊仪器（如望远镜或粒子加速器）的所在地，还有野外、研究站、动物园、博物馆等等。单个的科学家经由专业组织、科学团体和科学院、研究小组、通信以及新兴的互联网结合成一个社会群体。科研经费来自政府研究资助、企业的研究和开发部门、大学以及私人捐助。物理场地、社会空间和赞助这三个特征对于现代科学的运作必不可少。这些特征在科学革命时期的确立对于构建我们今天所知的科学世界至关重要。从整个17世纪一直到18世纪，自然哲学家的工作变得越来越正式化。个人结合成私人协会，私人协会又逐渐演变成国家科学院。个人的通信交流发展成为出版的期刊。自费的业余研究者和以大学为基础的自然哲学家结合成第一批拿薪水的专业人士。

在中世纪晚期，自然哲学研究主要在大学、修道院以及——较小程度上——在少数宫廷中进行。这些传统活动场地在16和17世纪仍然重要，但有了新的补充。对于文艺复兴时期的人文主义运动来说，在大学之外建立学术群体至关重要。在这些群体中，学者与志同道合的人分享他们的工作，获得支持、批评和认可以及偶尔的资助。这些早期群体大多是文学或哲学性的。而到了16世纪末，自然哲学家将模式扩大，由此兴起了第一批科学社团。最早的科学社团创立于意大利，17世纪成立了数十个，数量多于欧洲所有其他地方。不过其中大多数社团都是地方性的，留存时间也不长。

其中最早的社团之一是猞猁学院。它的名字暗指目光敏锐、擅于洞察的猞猁。该学院由切西亲王（当时是一个18岁的罗马贵族）和三位同伴1603年创立于罗马，维持了大约三十年。切西创立猞猁学院时坚信，研究自然是复杂而费力的事情，需要集体努力。猞猁学院的成员并不多，但其中包含了德拉·波塔、伽利略、斯滕森和约翰·施莱克等拥护自然魔法的人，施莱克后来成为耶稣会传教士，把欧洲科学知识带到了中国。猞猁学院成员致力于研究自然哲学的所有分支，这些研究往往是独立进行的，但偶尔也有合作，比如他们根据已从西班牙带到意大利的埃尔南德斯考察墨西哥的手稿，长期致力于出版《来自新西班牙的药物》（1651）。猞猁学院成员倡导用新的化学方法来研究医学，支持伽利略的工作（他1613年的《关于太阳黑子的书信》和1623年的《试金者》都是在猞猁学院的资助下出版的），还做了显微镜研究。猞猁学院因切西在1630年的过早离世而失去了领袖和靠山，不久便解散了。

1657年，在很大程度上是由于莱奥波尔多·德·美第奇亲王对自然哲学的个人兴趣，西芒托学院在佛罗伦萨的美第奇宫廷成立了。它的座右铭“通过检验和再检验”（*Provando e reprovando*）概括了该群体对实验的专注。美第奇宫廷提供了一个集体研究中心，这是猞猁学院所缺乏的，美第奇的资助使它能够持续运行。许多成员都是伽利略的追随者，他们继续了伽利略的许多研究计划和方法。不过，这个佛罗伦萨学院的成员对从解剖学和生命科学到数学和天文学的各种东西都进行研究，而且特别重视研究和改进新仪器，如气压计和温度计，莱奥波尔多本人也参与其中。

雷迪、马尔比基、博雷利等许多著名意大利自然哲学家的工作都是在西芒托学院完成的。由于成员之间的分歧，几位杰出人物的离去，加之莱奥波尔多被提名为红衣主教，从而不得不花更多的时间在罗马，这一切导致西芒托学院于1667年关闭。存在仅十年的西芒托学院是自然哲学家自愿联合起来对自然进行集体实验性研究的最引人注目的典范。

到了17世纪中叶，科学社团传播到了阿尔卑斯山以北。1652年，四名德国医生成立了自然奥秘学院。早年间，这个“自然探究者的学院”主要专注于医学和化学主题。该学院1662年发布的章程声明其目标是“荣耀上帝，启蒙医术，惠及同胞”。学院发展十分迅速，虽然其成员遍及德语区各处，无法作为一个团体定期会面，但尤其是通过（从1672年开始）每年出版一卷由各成员提交的论文，自然奥秘学院致力于将他们切实联系在一起。1677年，神圣罗马帝国皇帝利奥波德一世给予它正式认可。在随后若干年中，学院17世纪的建制不断扩张，远远超出了医学和生命科学，并最终发展为今天的德国科学院。

17世纪50年代，一个被称为“实验哲学俱乐部”的群体开始在牛津大学的沃德姆学院会面讨论自然哲学，用机械装置进行实验，观察解剖和演示。克里斯托弗·雷恩和胡克都是其早期成员，后来波义耳等17世纪中叶的其他英国知名人士也加入进来。查理二世1660年王政复辟后，该俱乐部的几位成员和其他一些人为一个更加正式的法人组织制定了章程，并于1662年获得皇家特许状，成为改进自然认识的伦敦皇家学会。皇家学会一直持续至今，标志着科学社团发展的一个新阶段。和西芒托学院一样（皇家学会一直与它保持着通信），共同做实验也是皇家学会的重点，但皇家学会被视为一个大得多的、更为正式的组织。二百多名会员很快被选出，其中大多数人是英国贵族，这种选择反映了对他们提供财政支持（而不是思想贡献）的一厢情愿的期待。皇家学会明确以培根及其指示为榜样，自行设定公众目标和社会目标。事实上，可以把皇家学会看成实现所罗门宫的尝试。许多早期会员都曾参与内战期间的乌托邦计划、教育方案和企业规划，并把这些目标带到了皇家学会。他们严格避免教派和政治上的依附，希望能在自然哲学中找到一种共识作为基础，克服之前内战期间的派系纷争。

皇家学会会员在伦敦的格雷欣学院定期举行会议，在那里做实验，展示新的研究和观测成果。当时（以及此后）几乎所有著名的英国自然哲学家都是皇家学会会员。皇家学会的成员很快就超越了英国国界，无论当时还是现在，当选为会员都会带来极大声望。也许早年最重要的创新是皇家学会秘书亨利·奥尔登堡1665年创办了第一份科学期刊——《哲学会刊》。创办《哲学会刊》最初始于奥尔登堡的私人努力，他徒劳地希望靠预订收入维生，但《哲学会刊》很快就变得在概念上与英国皇家学会关联起来，虽然直到后来两者才有了正式关联。奥尔登堡维持着大量通信（因此他曾被当作间谍囚禁在伦敦塔中），从而能够报告整个欧洲的科学进展。《哲学会刊》不仅发布英国皇家学会的活动，而且发表国外的报告、科学书信和书评。尽管以英语为主，但它成为欧洲科学生活的一个重要发声途径——学者们可以在这里发表评论，公布调查结果，确立优先权和进行争论。牛顿关于光、光学和他的新望远镜的论文都发表在这里，列文虎克的显微镜发现是从荷兰邮寄来的，马尔比基的解剖研究则发自意大利。关于彗星的争论以报告的形式在这里争相发表。每当波义耳有某种东西要简要报告，就会发行专号。

尽管雄心勃勃，但英国皇家学会也遭遇到早期科学社团常见的一些问题——重要成员的流失、资金短缺、缺少赞助，等等。它的许多宏伟计划到头来都化为了泡影。大多数成员都不够积极，只是偶尔交纳会费或根本不交，王国政府给予学会的唯一礼物就是“皇家”这个形容词。其改进贸易的培根主义计划举步维艰，因为商人们不愿分享他们的专有知识和技能——这是情理之中的事。自然哲学界以外的英国人的回应也好不到哪儿去——托马斯·沙德韦尔的喜剧《大师》（1676）嘲讽了皇家学会、学会会员及其活动，乔纳森·斯威夫特的讽刺小说《格列佛游记》（1726）中的“勒皮他岛游记”尖刻地模仿了他们关于公用事业的主张。奥尔登堡在1677年的去世导致《哲学会刊》一度停办，波义耳在1691年的去世意味着皇家学会失去了其最为活跃和慷慨的会员。牛顿从1672年开始担任会员，1703年成为皇家学会会长，那时他被视为英国卓越的自然哲学家。他的威望为皇家学会注入了新的活力，但他往往喜欢那些对他本人的研究有促进作用的工作，这使皇家学会此前活动的广度有所缩减。不过，到了18世纪中叶，皇家学会的地位变得越来越稳固，并且一直持续至今。

不同于英国皇家学会自下而上的建立，巴黎皇家科学院是自上而下建立的。它源于路易十四的财政部长让—巴普蒂斯特·科尔贝（1618—1683）的设想。科尔贝既是为了给支持艺术与科学的太阳王增添荣耀，也是为了以有益于国家的方式将科学活动集中起来——这是路易十四长期统治期间规模更大的中央集权化的一部分。皇家科学院于1666年举行了第一次会议，有二十位院士参加，从荷兰招募的惠更斯任院长。他们在国王图书馆每周会面两次，以期进行合作研究（这并不总能顺利进行），并获得薪水和研究资助。由此，法国人比英国人更好地实现了培根的设想。作为对王室拨款的报答，院士们应当为国家问题找到科学的解决方案。两位薪水最高的成员——惠更斯和卡西尼——都在研究经度这一重要问题时被带到法国，这绝非巧合。院士们还检测了凡尔赛宫和整个法国的水质，评估了新的项目和发明，考察了书籍和专利，在皇家印刷厂等处解决了技术问题，并且第一次对法国进行了准确的勘测。最后的勘测活动表明，法国面积比此前认为的要小一些，据说路易十四对此说了一句妙语，即就减少王国领土这一点而言，他自己的院士成功了，而他所有的敌人都失败了。然而，尽管服务于国家，院士们还是有足够的时间从事其他研究，特别是他们为自己制定的几个大的集体项目，包括编写详尽的动植物博物志（图17）。

皇室赞助还为院士们提供了工作区：一个化学实验室、一个植物园和（当时）位于巴黎郊区的一个天文台。1672年落成的巴黎天文台起初打算作为整个科学院的一个住所，后来成了天文学

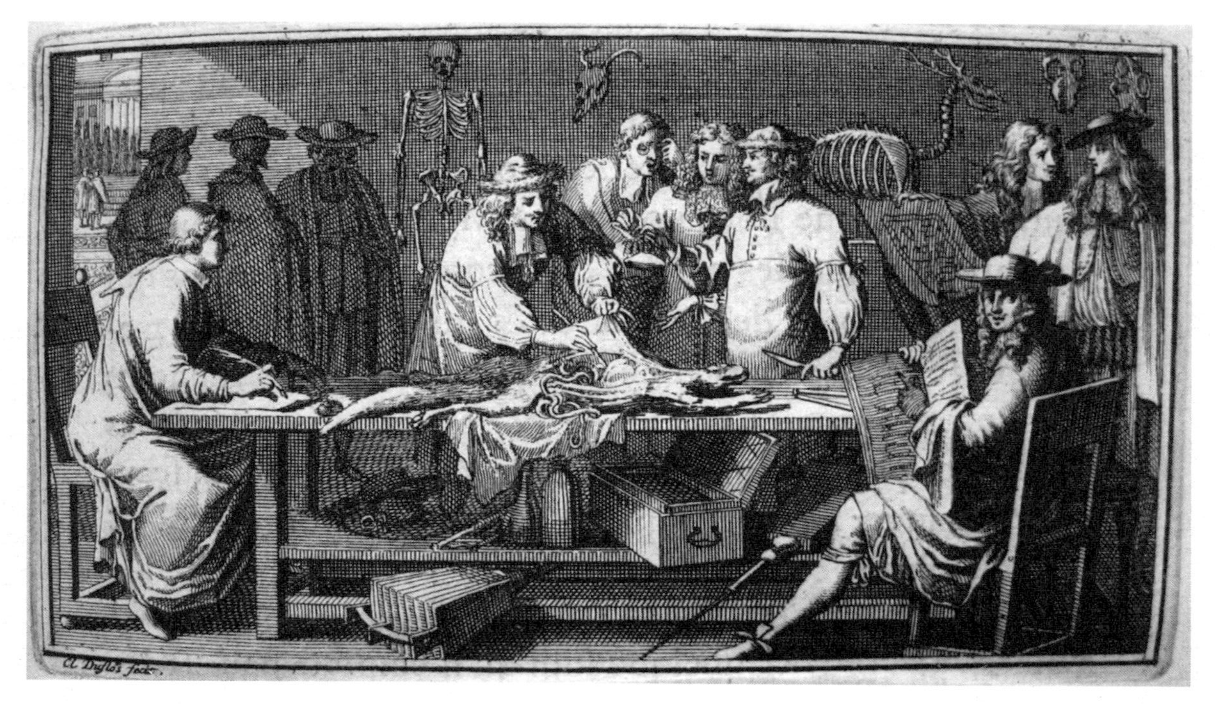

图17　巴黎皇家科学院的院士们在进行解剖。秘书（让—巴普蒂斯特·迪阿梅尔）记录着观察结果，几位院士在讨论；窗外可见国王花园。《作为自然历史的动物》（海牙，1731；初版于巴黎，1671）

家的专属地盘。在高额的薪水和掌管新天文台的诱惑下，天文学家卡西尼辞去了为教皇服务的职位来到巴黎，天文台完工之前就住到了那里。卡西尼和他之后的三代人使巴黎天文台成为欧洲最重要的天文学机构。它的南北中心线标志着地球的本初子午线，从那里进行的经度测量已有两个世纪，直到1884年本初子午线被确定为通过格林威治的线。（格林威治的皇家天文台成立于1675年，特别旨在“确定经度以改进航海和天文学”，此时巴黎天文台刚刚成立不久。）皇家资助也使巴黎科学院得以向国外派出科学远征队——到圭亚那、新斯科舍和丹麦进行天文观测，到希腊和黎凡特收集植物标本，尤为著名的是18世纪初到南美洲和拉普兰进行观察和测量，以检验笛卡尔和牛顿关于地球精确形状的预言。它还收集和发表了暹罗、中国等地的耶稣会士发来的评论，并与英国皇家学会会员（即使在英法战争期间）和整个欧洲的其他学者进行了广泛的通信。

科学院以外的科学群体

1700年以后，科学院数量激增，在博洛尼亚、乌普萨拉、柏林、圣彼得堡、法国各省会，甚至在北美殖民地的费城，科学院成为民族自豪感和成就的象征。但科学院只是不断发展的科学世界的一种表现形式。与之伴随的是不那么正式的但有时同样重要的社会团体。在巴黎，在皇家科学院创建之前存在的，是在私人住宅或公众场所举办的自然哲学沙龙，有兴趣的人聚集在一起，在一位组织者的领导下讨论、交谈和辩论。它们表明，自然哲学的发展吸引了公众的关注，并且成为一种社会现象。在伦敦，17世纪末兴起的咖啡馆为各类人群会面和讨论问题（包括自然哲学问题）提供了场所。公众的兴趣使得18世纪初出现了公众演示员，这种角色既充当自然哲学家又充当演员，他们用具有异国情调的装置或炫目的陈列品来娱乐和教育公众（要交入场费）。

维系人与人交流的通信网络虽然不像科学院那么显眼，但对于科学史同样重要。自然哲学家们私下交换信件、手稿及其新印制的书籍。信件的私密性使人们可以交流不受欢迎的、激进的全新想法，从而在17世纪的整个欧洲造就了一场基本上是秘密进行的讨论。这个无形的“书信共和国”（文艺复兴时期人文主义者的一则习语）将跨越国界、语言和信仰的志同道合的思想家团结在一起，拉近了他们之间的距离。巩固这些通信网络的人被称为“情报员”。他们接收信件，组织和汇编信息，将其分发给有兴趣的各方，并发出后续调查。一位忙碌的情报员的通信量可能非常惊人。曾经鼓励过伽桑狄并且在法国传播伽利略思想的佩雷斯克（1580—1637）一直与约五百人保持通信，留下了万余封信件。其中一位通信者米尼姆会托钵修士马兰·梅森（1588—1648）本人就是一个通讯枢纽。在其巴黎的修道院密室中，他接收信件，通过遍布欧洲的网络传播笛卡尔、伽利略等人的工作。在英格兰，三十年战争期间的普鲁士难民塞缪尔·哈特利布（约1600—1662）维持着整个新教欧洲与北美的通信，他幸存下来的二千封信仅仅是他所写全部信件中的一小部分。哈特利布的动力来自依照培根模式对教育、农业和工业进行改革的乌托邦式的实用思想，但也来自宗教信仰，尤其是在英格兰创建一个新教的“人间天堂”的千禧年希望。他的圈子包括企业家、道德家、自然哲学家、神学家和工程师，他的计划从开办技术学院到改进酿酒，可以说应有尽有。科学院本身构成了这个书信网络的节点，而学术期刊——《哲学会刊》、《学者杂志》及其现代的派生杂志——则可被视为这个书信网络定型为墨字的版本。

由于科学院的建立以及技术应用在17世纪的重要性日益增加，在接下来的几个世纪，科学工作逐渐专业化，“业余的”自然哲学家渐渐消失。由于日益需要一些知识渊博、值得信赖的人用科学知识和方法来解决实际问题，大学必须用更加正式和严格的训练来培养这些人，这又导致了思想和进路的进一步标准化。由此累积的结果便是19世纪出现了作为一种职业的“科学”，作为一个独特的社会和职业阶层的“科学家”（在某些方面类似于培根在《新大西岛》中的描述），近代早期的世界也逐步演变为现代的科学技术世界。这一转变是一个缓慢而复杂的过程，论述它超出了本书的范围。历史人物选择的道路，影响其决定的想法和需求，使其意图实现或落空的事件，这些既非显而易见亦非注定。虽然现实的自然世界没有什么不同，但人类表达、理解和利用自然界的方式可能非常不同。我们选择的特定历史道路把我们带入了一个充满奇迹的科学技术世界，它会使最伟大的“自然魔法”倡导者感到惊讶，但也并非没有问题，其中既有尚未解决的问题，也有我们自己制造的问题。在我们令人羡慕的自然知识当中，那个智慧、平和、秩序井然的本色列岛继续躲避着我们，即使它一向给我们以启示。

尾 声

近代早期自然哲学家留给我们的几乎所有文本和人工制品都表明，他们在热情地探索、创造、保存、测量、收集、组织和学习。他们的无数理论、解释和世界体系在争相寻求认可和接受的过程中命运各异。许多近代早期的概念和发现——哥白尼的日心说、哈维的血液循环理论、牛顿的万有引力平方反比定律——构成了我们对世界的现代理解的基础。其他想法，比如原子论观念和对宇宙尺寸的估计，被后续的科学工作大大更新和完善，而有些想法，比如笛卡尔的旋涡或对磁吸引的机械论解释，则已经完全被抛弃。

现代科学继续探索着近代早期自然哲学家的许多问题和目标——其中一些是他们从中世纪甚至是古人那里继承的。和伽桑狄、笛卡尔和海尔蒙特一样，现代物理学家继续寻求最终的物质粒子，试图理解这些不可见的宇宙单元是如何结合在一起并相互作用而形成世界的。和开普勒、卡西尼和里乔利一样，现代天文学家继续扫视和绘制着天空，用远比第谷、伽利略和赫维留的象限仪和望远镜多样化和功能更强大的仪器寻找着新的天体和现象。有科学家继承了埃尔南德斯和达·科斯塔等新西班牙探险者的衣钵，继续在丛林和沙漠的动植物中寻找新的药物，或者在深黑的海沟甚至是遥远的世界中寻找新的生命形式。和他们的帕拉塞尔苏斯主义和制金者先辈一样，现代化学家努力修正和改进天然物质，创造新的材料，继续本着波义耳的精神来认识材料的变化，本着培根的精神来提供对人类生活有用的东西。和维萨留斯、马尔比基和列文虎克一样，现代生物学家和医生用新的仪器来研究动物和人的身体，揭示出更为精细的结构和更令人惊讶的机制。市场上出现的每一种新的电子小发明都反映了技术与奇迹和魔法世界之间的联系。

除了这些连续的环节，还有许多东西发生了变化。促使近代早期自然哲学家研究自然之书——寻找造物主在受造世界中的反映——的深刻的宗教信仰动机，不再是科学研究的主要驱动力。那种恒常不变的历史认识，即认为自己属于一种长期累积的探究自然的传统，已经在很大程度上不复存在了。今天，很少有科学家会像开普勒那样把支持哥白尼学说的教科书冠以“亚里士多德补遗”的副标题，或者像牛顿寻求引力原因那样在古代文献中寻找答案。由于放弃了意义和目的问题，缩小了视野和目标，拘泥于字面意义因而无法理解对于近代早期思想来说如此根本的类比和隐喻，那种内在紧密关联的宇宙图景已经彻底瓦解。具有宽广的思想、活动、经验和专门技能的自然哲学家已经被专业化、专门化的技术科学家所取代。结果导致了一个与更广阔的人类文化和生存视野分离的科学领域。虽然我们必须承认，现代科学技术的发展已经使物质财富和思想成果达到了惊人的水平，但我们不得不认为自己因为丧失了近代早期那种全面的眼界而变得更加可怜。

科学革命时期夹杂着连续和变革，交织着创新和传统。近代早期自然哲学家来自欧洲各地、各个宗教派别、各种社会背景，既有煽动性的创新者，也有谨慎的传统主义者。这些不同角色共同致力于建立对于今天的整个科学世界至关重要的知识体系、机构和方法，这个科学世界与每一个人息息相关。我们可以讲述很多他们极度渴望知道的东西，他们或许也会讲述我们极度渴望听到的东西。对我们而言，他们所处的时代既熟悉又陌生，既像我们自己的时代，又有着显著的不同。近代早期的这种复杂性和热情洋溢使之成为整个科学史上最令人着迷和最重要的时期。

译名对照表

A

Acosta, José da 何塞·德·阿科斯塔
Acquapendente, Girolamo Fabrizio d' 法布里齐奥·阿奎彭登特
Agricola, Georgius 乔治·阿格里科拉
Aldrovandi, Ulisse 乌利塞·阿尔德罗万迪
Archeus 阿契厄斯
Archimedes 阿基米德
Aristarchus of Samos 萨摩斯的阿里斯塔克
Aristotle 亚里士多德
Augustine, Saint 圣奥古斯丁
Avicenna 阿维森纳

B

Bacon, Sir Francis 弗朗西斯·培根
Berti, Gasparo 加斯帕罗·贝尔蒂
Biondo, Flavio 弗拉维奥·比翁多
Botticelli, Sandro 桑德罗·波提切利
Boyle, Robert 罗伯特·波义耳
Bracciolini, Poggio 波吉奥·布拉乔利尼
Brahe, Tycho 第谷·布拉赫
Brunelleschi, Filippo 菲利波·布鲁内莱斯基
Brunfels, Otto 奥托·布伦费尔斯
Bruni, Leonardo 莱奥纳尔多·布鲁尼
Burnet, Thomas 托马斯·伯内特

C

Cabeo, Niccolò 尼克洛·卡贝奥
Campanella, Tommaso 托马斯·康帕内拉
Campani, Giuseppe 朱塞佩·康帕尼
Campanus of Novara 诺瓦拉的康帕努斯
Clavius, Christoph 克里斯托弗·克拉维乌斯
Clement VII, Pope 教皇克雷芒七世
Copernicus, Nicholas 尼古拉·哥白尼

D

da Costa, Cristóvao 克里斯托旺·达·科斯塔
da Gama, Vasco 瓦斯科·达·伽马
Dante 但丁
Dee John 约翰·迪伊
Democritus 德谟克利特
Descartes, René 雷内·笛卡尔

E

Elizabeth I 伊丽莎白一世
Epicurus 伊壁鸠鲁

F

Ferdinando II (King of Spain) 费迪南多二世(西班牙国王)
Ficino, Marsilio 马尔西利奥·菲奇诺

Fontana, Domenico 多梅尼科·丰塔纳
Fra, Angelico 弗拉·安吉利科
Francesca, Piero della 皮耶罗·德拉·弗朗切斯卡
Frontinus 弗龙蒂努斯
Fuchs, Leonhart 莱昂哈特·富克斯

G

Galen 盖伦
Galilei, Galileo 伽利雷·伽利略
Gassendi, Pierre 皮埃尔·伽桑狄
Geber 盖伯
Gemistos, Georgios 乔治·盖弥斯托斯
Gessner, Conrad 康拉德·格斯纳
Gilbert, William 威廉·吉尔伯特
Grant, Edward 爱德华·格兰特
Grassi, Orazio 奥拉齐奥·格拉西
Gregory XIII, Pope 教皇格里高利十三世
Gutenberg, Johannes 约翰内斯·古腾堡

H

Halley, Edmond 埃德蒙·哈雷
Harrison, John 约翰·哈里森
Hartlib, Samuel 塞缪尔·哈特利布
Hartmann, Johannes 约翰内斯·哈特曼
Harvey, William 威廉·哈维
Hernández, Francisco 弗朗西斯科·埃尔南德斯
Hero 希罗
Hevelius, Johann 约翰·赫维留
Hicetas 希克塔斯
Hippocrates 希波克拉底
Hooke, Robert 罗伯特·胡克
Huygens, Christiaan 克里斯蒂安·惠更斯

I

Iamblichus 扬布里柯
Ibn al-Haytham 伊本·海塞姆
Ibn Sīnā 伊本·西纳

J

James I 詹姆斯一世
Jean of Rupescissa 鲁庇西萨的约翰
Jonson, Ben 本·琼森

K

Kepler, Johannes 约翰内斯·开普勒
Kircher, Athanasius 亚塔纳修·基歇尔

L

Leibniz, Gottfried Wilhelm 戈特弗里德·威廉·莱布尼茨
Lemery, Nicolas 尼古拉·莱默里
Leucippus 留基伯
Lucretius 卢克莱修
Luther, Martin 马丁·路德

M

Malpighi, Marcello 马尔塞洛·马尔比基
Manilius 马尼留斯
Manutius, Aldus 奥尔德斯·马努提乌斯
Melanchthon, Philipp 菲利普·梅兰希顿
Mercator, Gerhardus 墨卡托
Mersenne, Marin 马林·梅森
Monardes, Nicholás 尼古拉·莫纳德斯

N

Newton, Sir Isaac 伊萨克·牛顿

O

Oldenburg, Henry 亨利· 奥尔登堡
Oresme, Nicole 尼科尔· 奥雷姆
Orta, Garcia de 加西亚· 德· 奥塔
Osiander, Andreas 安德里亚斯· 奥西安德尔

P

Paracelsus, Theophrastus von 西奥弗拉斯图斯· 帕拉塞尔苏斯
Pascal, Blaise 布莱斯· 帕斯卡
Petrarch 彼特拉克
Pierre de Maricourt 马里古的皮埃尔
Pliny the Elder 老普林尼
Plotinus 普罗提诺
Porta, Giambattista della 詹巴蒂斯塔· 德拉· 波塔
Ptolemy, Claudius 克罗狄斯· 托勒密

R

Redi, Francesco 弗朗西斯科· 雷迪
Reuchlin, Johannes 约翰内斯· 罗伊希林

S

Scheiner, Christoph 克里斯托弗· 沙伊纳
Schönberg, Nicolaus 尼克劳斯· 舍恩贝格
Schreck, Johann 约翰· 施莱克
Shadwell, Thomas 托马斯· 沙德韦尔
Stahl, Georg Ernst 乔治· 恩斯特· 施塔尔
Stelluti, Francesco 弗朗西斯科· 斯泰卢蒂
Stensen, Niels 尼尔斯· 斯滕森
Strabo 斯特拉波
Swift, Jonathan 约翰· 斯威夫特

T

Tartaglia, Niccolò 尼克洛· 塔尔塔利亚
Thales 泰勒斯
Theodoric of Freiburg 弗赖贝格的狄奥多里克
Titian 提香
Torricelli, Evangelista 埃万杰利斯塔· 托里拆利

V

Vesalius, Andreas 安德里亚斯· 维萨留斯
Vespucci, Amerigo 亚美利哥· 韦斯普奇

W

Whiston, William 威廉· 惠斯顿
Widmannstetter, Johann Albrecht 约翰· 阿尔布莱西特· 维德曼施泰特
Worm, Ole 奥利· 沃姆
Wren, Christopher 克里斯托弗· 雷恩

参考文献

第一章　新世界和旧世界

Edward Grant, *The Foundations of Modern Science in the Middle Ages* (Cambridge: Cambridge University Press, 1996), p. 174.

第二章　关联的世界

Giambattista della Porta, *Natural Magick* (London, 1658; reprint edn. New York: Basic Books, 1957), pp. 1–4.

第三章　月上世界

Nicholas Copernicus, *De revolutionibus* (Nuremberg, 1543), Schönberg's letter, fol. ii*r*; God's artisanship, fol. iii*v*; Osiander's 'preface', fols. i*v*–ii*r* (my translations). A full English translation is Copernicus, *On the Revolutions*, tr. Edward Rosen (Baltimore: Johns Hopkins University Press, 1992).

J. E. McGuire and P. M. Rattansi, 'Newton and the "Pipes of Pan"', *Notes and Records of the Royal Society*, 21 (1966): 108–143, on p. 126.

第四章　月下世界

Athanasius Kircher, *Mundus subterraneus* (Amsterdam, 1665), preface.

Galileo Galilei, *Il Saggiatore* [*The Assayer*], in *The Controversy on the Comets of 1618* (Philadelphia: University of Pennsylvania Press, 1960), pp. 183–184.

第六章　科学世界的建立

The Works of Francis Bacon, ed. James Spedding, Robert L. Ellis, and Douglas D. Heath, 14 vols (London: 1857–1874), 4:8, 3:294, 3:164.

扩展阅读

There are several good books surveying the Scientific Revolution in greater detail than is possible here. These include Peter Dear, *Revolutionizing the Sciences: European Knowledge and Its Ambitions, 1500–1700*, 2nd edn. (Princeton: Princeton University Press, 2009); John Henry, *The Scientific Revolution and the Origins of Modern Science*, 2nd edn. (Basingstoke: Palgrave, 2002); and Margaret J. Osler, *Reconfiguring the World: Nature, God, and Human Understanding from the Middle Ages to Early Modern Europe* (Baltimore: Johns Hopkins University Press, 2010). The last is especially good in providing technical details of early modern scientific ideas. A useful reference source is Wilbur Applebaum's *Encyclopedia of the Scientific Revolution* (New York: Garland, 2000), full of short, authoritative articles on hundreds of subjects.

第一章　新世界和旧世界

For the medieval (and ancient) background, see David C. Lindberg, *The Beginnings of Western Science*, 2nd edn. (Chicago: University of Chicago Press, 2007), and for a fascinating account of medieval voyages, see J. R. S. Phillips, *The Medieval Expansion of Europe*, 2nd edn. (Oxford: Clarendon Press, 1998). For Renaissance humanisms, see Anthony Grafton with April Shelford and Nancy Siraisi, *New Worlds, Ancient Texts: The Power of Tradition and the Shock of Discovery* (Cambridge, MA: Harvard University Press, 1992); and Jill Kraye (ed.), *Cambridge Companion to Renaissance Humanism* (Cambridge: Cambridge University Press, 1999). On other issues in this chapter, see Elizabeth Eisenstein,

The Printing Press as an Agent of Change (Cambridge: Cambridge University Press, 1979); Peter Marshall, *The Reformation: A Very Short Introduction* (Oxford: Oxford University Press, 2009); and Anthony Pagden, *European Encounters with the New World from the Renaissance to Romanticism* (New Haven: Yale University Press, 1993).

第二章　关联的世界

On natural magic and its place in the history of science, see John Henry, 'The Fragmentation of Renaissance Occultism and the Decline of Magic', *History of Science*, 46 (2008): 1–48. On the background to the connected worldview, see Brian Copenhaver 'Natural Magic, Hermetism, and Occultism in Early Modern Science', pp. 261–301 in David C. Lindberg and Robert S. Westman (eds.), *Reappraisals of the Scientific Revolution* (Cambridge: Cambridge University Press, 1990). For an account of various sorts of *magia*, see D. P. Walker, *Spiritual and Demonic Magic: Ficino to Campanella* (University Park, PA: Pennsylvania State University Press, 1995). To correct widely held modern prejudices about the role of religion in science, see the very readable essays in Ronald Numbers (ed.), *Galileo Goes to Jail and Other Myths about Science and Religion* (Cambridge, MA: Harvard University Press, 2009), and for more in-depth treatments, David C. Lindberg and Ronald L. Numbers (eds.), *God and Nature: Historical Essays on the Encounter Between Christianity and Science* (Berkeley, CA: University of California Press, 1989).

第三章　月上世界

On the major characters discussed in this chapter, see Victor E. Thoren, *The Lord of Uraniborg: A Biography of Tycho Brahe* (Cambridge: Cambridge University Press, 1990); Maurice Finocchiaro (ed.), *The Essential Galileo* (Indianapolis, IN: Hackett, 2008); John Cottingham (ed.), *Cambridge Companion to Descartes* (Cambridge: Cambridge University Press, 1992); Richard S. Westfall, *The Life of Isaac Newton* (Cambridge: Cambridge University Press, 1994). For the best overview of the current understanding of 'Galileo and the Church', see the introduction to Finocchiaro, *The Galileo Affair* (Berkeley, CA: University of California Press, 1989). On astrology, see Anthony

Grafton, *Cardano's Cosmos: The World and Works of a Renaissance Astrologer* (Cambridge, MA: Harvard University Press, 1999). For better understanding of astronomical models and theories, see Michael J. Crowe, *Theories of the World: From Antiquity to the Copernican Revolution*, 2nd edn. (New York: Dover, 2001), and visit 'Ancient Planetary Model Animations' at http://people.sc.fsu.edu/~dduke/models.htm; created by Professor David Duke at Florida State University – this site contains outstanding animations of various planetary systems.

第四章　月下世界

For Galileo and motion, see the suggestions for Chapter 3.

For other major figures mentioned, see Alan Cutler (for Steno), *The Seashell on Mountaintop* (New York: Penguin, 2003); Paula Findlen (ed.), *Athanasius Kircher: The Last Man Who Knew Everything* (New York: Routledge, 2004); and Michael Hunter, *Robert Boyle: Between God and Science* (New Haven: Yale University Press, 2009). For alchemy and its importance, see Lawrence M. Principe, *The Secrets of Alchemy* (Chicago: Chicago University Press, 2011) and William R. Newman, *Atoms and Alchemy: Chymistry and the Experimental Origins of the Scientific Revolution* (Chicago: Chicago University Press, 2006). For a useful, but now rather dated, overview of the mechanical philosophy, see the relevant sections in Richard S. Westfall, *The Construction of Modern Science: Mechanisms and Mechanics* (Cambridge: Cambridge University Press, 1971).

第五章　小宇宙和生命世界

Nancy G. Siraisi, *Medieval and Early Renaissance Medicine* (Chicago: University of Chicago Press, 1990) and Roger French, *William Harvey's Natural Philosophy* (Cambridge: Cambridge University Press 1994). On natural history, see William B. Ashworth, 'Natural History and the Emblematic Worldview', in David C. Lindberg and Robert S. Westman (eds.), *Reappraisals of the Scientific Revolution* (Cambridge: Cambridge University Press, 1990), pp. 303–332; and Nicholas Jardine, James A. Secord, and Emma C. Spary (eds.), *The Cultures of Natural History* (Cambridge: Cambridge University Press, 1995). On the Spanish role, see María M. Portuondo, *Secret Science: Spanish Cosmography and the New World* (Chicago: University of Chicago Press, 2009) and Miguel de Asúa and Roger French, *A New World of Animals: Early Modern Europeans on the Creatures of Iberian America* (Burlington, VT: Ashgate, 2005).

第六章　科学世界的建立

Pamela O. Long, *Technology, Society, and Culture in Late Medieval and Renaissance Europe, 1300–1600* (Washington, DC: American Historical Association, 2000); Paolo Rossi, *Philosophy, Technology, and the Arts in Early Modern Europe* (New York: Harper and Row, 1970); Markku Peltonen (ed.), *Cambridge Companion to Bacon* (Cambridge: Cambridge University Press, 1996); Lisa Jardine, *Ingenious Pursuits: Building the Scientific Revolution* (New York: Anchor Books, 2000); Marco Beretta, Antonio Clericuzio, and Lawrence M. Principe (eds.), *The Accademia del Cimento and its European Context* (Sagamore Beach, MA: Science History Publications, 2009); Alice Stroup, *A Company of Scientists: Botany, Patronage, and Community at the Seventeenth-Century Parisian Royal Academy of Sciences* (Berkeley, CA: University of California Press, 1990).